Global Energy Interconnection
Development and Cooperation Organization
全球能源互联网发展合作组织

新型电气化研究

辛保安　主编

中国电力出版社
CHINA ELECTRIC POWER PRESS

图书在版编目（CIP）数据

新型电气化研究 / 辛保安主编. -- 北京：中国电
力出版社, 2024. 9. -- ISBN 978-7-5198-9281-4

Ⅰ. TM92

中国国家版本馆 CIP 数据核字第 2024MG5518 号

出版发行：中国电力出版社
地　　址：北京市东城区北京站西街 19 号（邮政编码 100005）
网　　址：http://www.cepp.sgcc.com.cn
责任编辑：孙世通（010-63412326）　柳　璐
责任校对：黄　蓓　常燕昆
装帧设计：王红柳
责任印制：钱兴根

印　　刷：北京博海升彩色印刷有限公司
版　　次：2024 年 9 月第一版
印　　次：2024 年 9 月北京第一次印刷
开　　本：787 毫米×1092 毫米　16 开本
印　　张：12.5
字　　数：201 千字
定　　价：98.00 元

《新型电气化研究》

编 委 会

前　言

气候变化是全人类面临的共同挑战，中国是全球生态文明建设的重要参与者、贡献者、引领者。党的十八大以来，中国能源发展进入新时代。在习近平总书记"四个革命、一个合作"能源安全新战略指引下，中国全面贯彻新发展理念，能源绿色低碳发展扎实推进，为经济社会高质量发展提供了有力支撑，也为全球能源可持续发展、共同应对气候变化贡献了中国力量。

电力是连接清洁能源与各类用能需求的纽带，未来将在清洁低碳、安全高效新型能源体系中扮演更加重要的角色。持之以恒推动能源消费革命，积极推动能源消费电气化与新型电力系统建设协同发展，是落实"双碳"目标任务的必由之路，也是在能源领域发展新质生产力的重要举措。

为凝聚共识、加快行动，全球能源互联网发展合作组织开展了新型电气化研究，旨在与社会各界和行业各方共同探讨推进能源消费电气化的理念、路径、技术、政策等问题，以供需协同加快推动全球能源转型进程。

研究采用"自上而下"与"自下而上"相结合的方法，构建了系统性的新型电气化发展潜力综合评估模型。本书共分为五章：

第1章系统阐述新型电气化的理念内涵与重大意义。

第2章全面梳理新型电气化关键技术，研判发展趋势。

第3章构建综合性、系统性的能源情景预测模型，分析测算电气化发展潜力与路径。

第 4 章构建新型电气化负荷灵活性调节模型，提出"等效储能"的灵活性评价指标，评估各类用电负荷对电力系统的灵活性贡献潜力。

第 5 章结合技术成熟度，提出政策与机制建议。

电气化是构建清洁低碳、安全高效能源体系的核心和关键，对实现可持续发展和应对气候变化具有重要意义。希望本书能为政府部门、国际组织、能源企业、金融机构、研究机构、高等院校和相关人员开展政策制定、战略研究、国际合作等提供参考和借鉴。受数据资料和研究编写时间所限，内容难免存在不足，欢迎读者批评指正。

编　者

2024 年 7 月

目　录

1

理念与意义

2014 年 6 月，习近平总书记在中央财经领导小组第六次会议上，提出新形势下保障国家能源安全，必须推进能源消费革命、能源供给革命、能源技术革命、能源体制革命和全方位加强国际合作的要求，为中国能源高质量发展提供了根本遵循。坚持推进能源消费革命，促进能源消费转型升级和绿色低碳发展，是经济社会高质量发展的内在要求，也是实现碳达峰碳中和目标的必由之路。电气化发展是能源消费革命的关键，是新型电力系统建设的重要支撑，也是未来在能源消费领域实现深度减碳的根本举措。

1.1 发 展 现 状

能源安全新战略提出以来的这十年，是中国能源电力基础设施建设取得重大成就，绿色低碳转型速度最快、安全高效发展质量最高、重大科技创新成果最多的十年。中国能源电力发展在砥砺奋进中走过非凡历程，取得了一系列丰硕成果，迈入了高质量发展的新阶段。

全社会电气化水平持续提升。目前，中国发电装机容量、新能源装机容量、输电线路长度、变电容量、发电量、用电量保持世界首位。2023 年，中国全社会用电量 9.2 万亿千瓦时，同比增长 6.7%。中国人均用电量达到 6539 千瓦时，高于世界平均水平，人均生活用电量接近 1000 千瓦时。分产业看，2023 年，第一产业用电量 1278 亿千瓦时，同比增长 11.5%；第二产业用电量 6.07 万亿千瓦时，同比增长 6.5%；第三产业用电量 1.67 万亿千瓦时，同比增长 12.2%。

全社会用电量及增长情况见图 1-1，中国国内生产总值（GDP）增速与用电量增速见图 1-2，全社会分部门用电量情况见图 1-3。

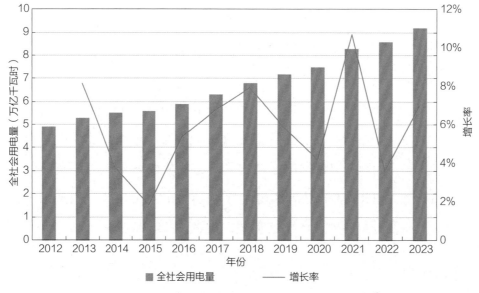

图 1-1   全社会用电量及增长情况（2012—2023 年）❶

---

❶ 国家能源局公布数据。

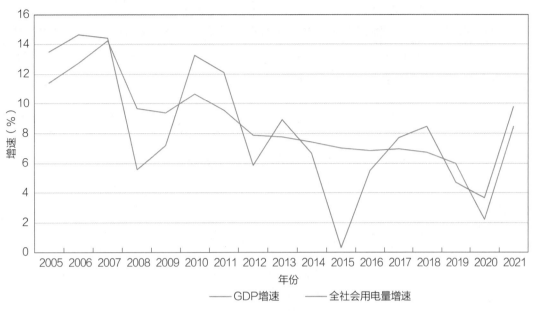

图 1 - 2 中国 GDP 增速与用电量增速

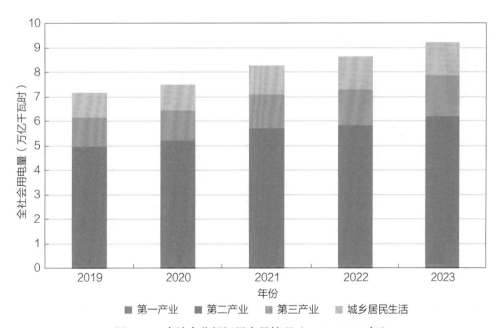

图 1 - 3 全社会分部门用电量情况（2019—2023 年）

　　各领域电能替代深入推进。中国整体处在电气化中期成长阶段❶，2023 年电能占终端能源消费比重约 28%，高于世界平均水平。其中，工业部门电气化率为 27.6%，战略性新兴产业用电高速增长，光伏设备制造用电量同比增长 76.8%，新能源整车制造用电量同比增长 38.8%。建筑部门电气化率为 48.1%，热泵、电制冷、供暖的应用场景不断深化。交通部门电气化率为 4.3%，新能源汽车渗透率超过 35%；已建成世界上数量最多、辐射面积最广的充电基础设施体系，充电基础设施从 2013 年不到 10 万台增长至 2023 年近 860 万台，充换电服务业用电量同比增长 78.1%。北方地区冬季清洁取暖比重为 76%，清洁取暖面积为 177 亿平方米。建筑、工业、交通部门电气化率发展趋势见图 1-4。

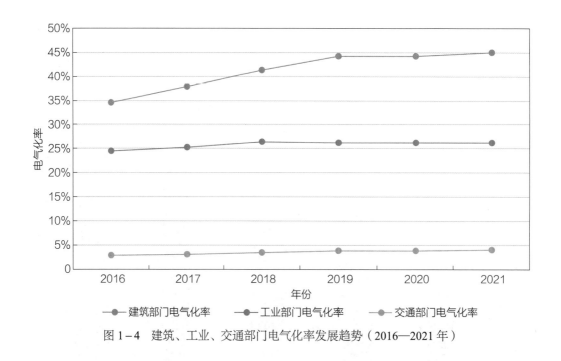

图 1-4　建筑、工业、交通部门电气化率发展趋势（2016—2021 年）

　　电能利用效率总体呈上升趋势。近 10 年，中国 GDP 增长了 113%，用电量仅增长了 73%，每万元 GDP 所消耗的电量由 898 千瓦时降至 732 千瓦时，降幅 18%。实施产品设备能效标准和能效标识管理制度，发布 67 项强制性能效标准，覆盖家用电器、商用设备、工业设备、办公设备和照明器具等领域，平均每年可节约用电超过

❶ 中国电气化发展报告 2022。

1700 亿千瓦时，相当于每年减排二氧化碳近 1 亿吨。2021 年，全国电力系统能源转换综合效率为 46.5%。数据中心平均电能利用效率从 2012 年 1.8 左右下降到 2021 年的 1.3。

电价水平基本稳定。自 2002 年启动新一轮电力体制改革以来，中国销售电价政策不断完善。从全球比较来看，中国销售电价处于较低水平。中国工业用电和居民用电的平均电价大约相当于 OECD 国家的 59%，相当于新兴市场国家的 81%、美国的 83%。近年来持续推进电价改革，一般工商业平均电价 2018 年和 2019 年连降两个 10%，2020 年遭遇新冠疫情，国家针对非高耗能工商业实施阶段性降价 5%，减轻了企业电费负担。电价水平国际比较（2022 年）见图 1-5。

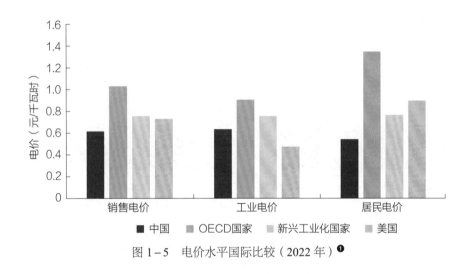

图 1-5　电价水平国际比较（2022 年）❶

技术储备和创新体系逐步完善。电气化技术由最初的 5 个技术拓展到现在的 5 大类、15 小类、39 个细分技术，在高温蒸汽热泵、动力电池等电能替代关键技术、核心装备上取得重大突破。分散式电采暖、工业电窑炉等一些关键电气化技术已经具备经济性，正在加快推广应用。电能利用与智能控制、信息通信等技术的紧密结合、共同演进，催生了柔性生产、无人驾驶、智能物流等新业态、新模式，推动电力与现代数字信息技术深度融合，实现电能融合多种能源协同高效运行。

---

❶ 国家电网有限公司、方正证券研究所。

1.2　概　念　与　内　涵

新型电气化是以能源消费革命为引领，以技术创新为驱动，以体制机制创新为保障，推动在终端用能领域以电能和电制氢、电制燃料原材料等对化石能源进行全面深度替代，提升综合电气化率，推动在全社会形成绿色低碳、高效便捷、智能灵活的用能方式。

其中，综合电气化率与传统的终端电气化率有所不同，指电能和电制氢能及其衍生品占终端能源消费的比重。

新型电气化理论框架见图 1−6。

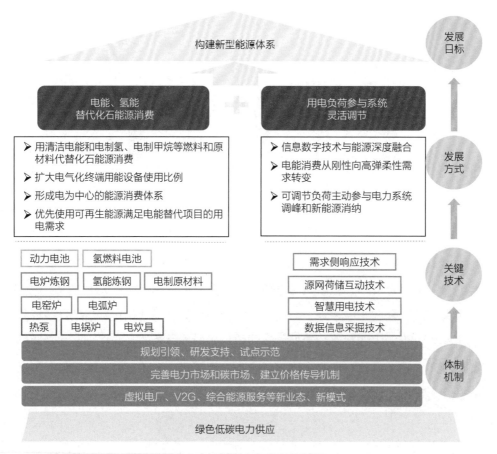

图 1−6　新型电气化理论框架

　　与传统电气化相比，**新型电气化的"新"**主要体现在三个方面：新型电气化是适应经济社会全面绿色化、数字化转型发展新要求的电气化；新型电气化是以新能源和绿色低碳能源大发展为基础、以新型电力系统为平台支撑的电气化；新型电气化是以满足人们美好生活用能需求为根本目标、具有突出经济社会环境综合效益的电气化。

　　新型电气化是绿色低碳的电气化。电能是连接清洁能源供给和终端能源消费的桥梁与纽带。新型电气化是在能源生产侧实施清洁替代的基础上，在能源消费侧以清洁电能和电制氢、电制燃料原材料等替代化石能源直接消费，实现高比例的新能源消纳与高水平电力利用的动态平衡与协调发展，形成清洁能源开发、利用的闭环。

　　新型电气化是深度广域的电气化。新型电气化将推动在工业、建筑、交通等部门持续扩大电能使用规模和范围；以电制氢、生物燃料及其他合成燃料等，在难以直接电气化的终端用能领域替代化石能源，实现电能对终端化石能源的全面深度替代，将形成以电能利用为基础，基于电动汽车、智能家居、全电厨房、热泵供暖、绿色交通等现代化用能方式的新生产生活方式。

　　新型电气化是高效便捷的电气化。推动能效水平持续提升，持续推动各领域高效节能用电设备研发与推广应用，逐步淘汰低能效的用电设备；新的生产生活方式主要建立在高效用电基础上，将改变人们的用能习惯，电动汽车、智能家居、全电厨房、热泵供暖、绿色交通等用能方式为生活提供更多便利，助力全社会形成高效便捷的生活方式。

　　新型电气化是智能灵活的电气化。通过信息数字技术与能源深度融合，使用能负荷广泛连接、灵敏感知、智能调节、精准控制，电能消费从刚性向高弹柔性需求转变。负荷侧灵活性资源与电网双向互动，电动汽车、电制氢、数字基础设施等可调节负荷积极主动参与电力系统调峰和新能源消纳，为系统运行提供惯量支撑资源和调节能力。通过电能、氢能等多种能源形式双向灵活转换，实现多场景互补应用，更好满足用能需求。

1.3　重　大　意　义

　　新型电气化通过提升电能和氢能在终端能源消费的占比，减少化石能源消费，将有效提高整体用能效率、降低能源消费强度、减少终端用能碳排放。以能源消费为抓手，引领全社会生产生活方式的绿色低碳转型，将推动中国加快迈入气候环境更友好、生产生活方式更现代的能源消费新时代。

1. 新型电气化是实现碳达峰碳中和目标的必由之路

习近平主席提出碳达峰碳中和目标，是中国向世界作出的庄严承诺，为中国应对气候变化、推动绿色低碳发展指明了方向。实现"双碳"目标是一场广泛而深刻的经济社会变革，涉及范围之广、转型难度之大、技术需求之高、时间要求之紧都是前所未有的，面临碳排放总量大、减排时间短、产业转型和能源结构调整难度大等挑战。能源是碳排放的主要领域，中国能源活动占二氧化碳排放的 88% 左右。其中，电力行业碳排放占能源行业碳排放的 40% 左右，化石能源在能源消费领域的直接使用占 60%。要实现"双碳"目标，必须推动能源生产侧清洁化低碳化和能源消费侧电气化，两者相辅相成，互为支撑。当前，中国清洁能源开发利用如火如荼，而全社会对于推动用能电气化的重要性缺乏足够认识，尚未形成共识。

新型电气化推动工业、交通、建筑和居民生活各领域以清洁电能替代化石能源消费，有效减少各用能部门碳排放，推动实现能源消费与碳排放脱钩。新型电气化在能源生产侧实施清洁替代的基础上，推动实现高比例的新能源消纳与高水平电力供需动态平衡相协调，形成清洁能源开发、利用的闭环。

2020 年中国主要行业二氧化碳排放占比见图 1-7。

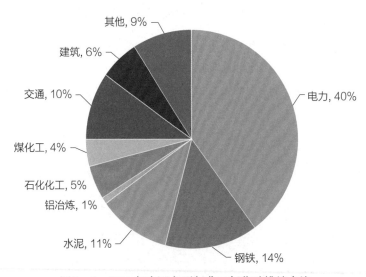

图 1-7 2020 年中国主要行业二氧化碳排放占比

2. 新型电气化是促进新质生产力发展的重要举措

当前我国经济发展正从"量的积累"向"质的跃升"转变，全面推进人与自然和谐共生的现代化是重要任务。新质生产力是创新起主导作用，摆脱传统经济增长方式、生产力发展路径，具有高科技、高效能、高质量特征，符合新发展理念的先进生产力质态，特点是创新，关键在质优，本质是先进生产力。习近平总书记在 2023 年底中央经济工作会议上提出"要以科技创新推动产业创新，特别是以颠覆性技术和前沿技术催生新产业、新模式、新动能，发展新质生产力"。培育壮大新质生产力将有力推动我国经济从传统要素驱动和投资驱动转向创新驱动，提升产业竞争力、安全和韧性，推动经济社会发展绿色化、低碳化。

新型电气化将以科技创新为引领，加快战略性、前沿性、颠覆性绿色科技创新和先进绿色用能技术推广应用。激发新一代信息技术、新能源、新材料、高端装备、新能源汽车等新兴产业创新发展活力，做强先进制造业。以新型用能技术为抓手，加快传统高耗能产业高效化、低碳化、数智化转型升级，建设现代化产业体系。推动虚拟电厂、负荷聚合商、车网互动等新模式、新业态创新发展，调动需求侧资源参与电力系统灵活调节的能力，以经济、高效、节约的方式提升电网安全保障水平。

中国新能源汽车销量和渗透率见图 1-8。

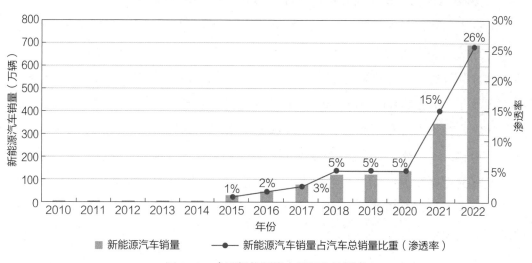

图 1-8 中国新能源汽车销量和渗透率

3. 新型电气化是提升能源安全保障能力的根本出路

能源安全是事关经济社会发展的全局性、战略性问题，对国家繁荣发展、人民生活改善、社会长治久安至关重要。能源的重要性和能源资源的稀缺性决定了谁掌握了能源，谁就可能掌握发展空间、掌握创造财富的重要源泉。必须保持忧患意识、危机意识，从国家发展和安全的战略高度，审时度势，借势而为，找到提升能源安全保障能力的根本出路。

富煤贫油少气是中国的基本国情。2021 年中国石油、天然气对外依存度分别超过70%、40%，在当前国际能源供需格局错综复杂、油气价格大幅波动的背景下，保障能源安全稳定供应面临着严峻挑战。提高中国能源自主能力，根本出路是以自主可控的清洁能源替代进口油气，清洁能源主要转换为电能使用，各种终端能源都用电能满足。

新型电气化以清洁电能替代化石能源消费，各种终端能源都能够用电能和电制氢、电制甲烷等燃料和原材料来满足，减少对进口化石能源的依赖，有力保障能源安全、提高能源供给的弹性与韧性，实现能源供应自主可控。特别是目前很多电气化技术已经成熟，如电动汽车、电炉钢、热泵等相关技术，经济性快速提升，加快推动电气化的条件已经具备。

4. 新型电气化是满足人民群众美好生活需要的重要支撑

电能是安全、清洁、高效、便捷的能源品种，终端利用效率达到 90%以上。电气化在推动人类文明进步的同时，也是衡量现代化发展水平的一个重要标志。进入新时代，中国社会主要矛盾发生转化，人民群众对美好生活的需求已经从"有没有"向"好不好"转变。习近平总书记指出，"高质量发展必须以满足人民日益增长的美好生活需要为出发点和落脚点，把发展成果不断转化为生活品质，不断增强人民群众的获得感、幸福感、安全感。"发展经济最终是为了改善民生，改善民生也是促进经济发展的重要动力。电力服务能否实现普适普惠、可获得、城乡均等化，与人民生活息息相关。民生用能水平既衡量着一个国家的现代化程度，也反映着人民群众的幸福生活水平。

新型电气化聚焦满足人民生产生活多样化用能需求，推动电动汽车、智能家居、全电厨房、热泵供暖、绿色交通等现代化用能方式在更大范围应用，提供可靠、便捷、高效、智慧、绿色的现代供电服务，使更多人享受现代化生活的舒适便捷，引领全社会形成绿色低碳的生产方式和生活方式，实现人人享有更充裕的能源供应和更绿色宜居的生活环境。

1.4 新型电气化与新型电力系统

新型电气化是以清洁低碳、安全充裕、经济高效、供需协同、灵活智能的新型电力系统为支撑，与新型电力系统建设协同推进的电气化。新型电力系统是以交流同步运行机制为基础，以大规模高比例可再生能源发电为依托，以坚强智能电网为平台，源网荷储协同互动和多能互补为重要支撑手段，深度融合低碳能源技术、先进信息通信技术与控制技术，实现电源侧高比例可再生能源广泛接入、电网侧资源安全高效灵活配置、负荷侧多元负荷需求充分满足，适应未来能源体系变革、经济社会发展，是与自然环境相协调的电力系统，具备清洁低碳、安全可控、灵活高效、智能友好、开放互动五大特征。构建新型电力系统，是以习近平同志为核心的党中央着眼加强生态文明建设、保障国家能源安全、实现可持续发展作出的一项重大部署，对中国能源电力转型发展、实现"双碳"目标具有重要意义，也为全球电力可持续发展提供了中国路径和中国方案。

提升绿电消费需求，促进可再生能源开发与高效消纳。新型电力系统以大规模高比例可再生能源发电为依托，将推动电源构成由以化石能源发电为主导，向大规模可再生能源发电转变。高比例的可再生能源消纳离不开用能行业电能替代和负荷特性转变。新型电气化将促进用能设备升级和高效电气化设备广泛应用，提升工业、交通、居民和商业各领域的电力需求，并以市场化方式挖掘绿色电力的环境价值，促进绿色电力优先消纳，同时绿电消费产生的收益反哺绿电发展，进一步促进可再生能源项目开发建设，实现绿色低碳电源与新型负荷的相互促进、协同发展。

提升负荷侧灵活性，挖掘用户侧调节潜力，保障电网安全稳定运行。新型电力系统更加依赖出力随机性较强的清洁能源，发电侧灵活调节能力降低，提升电网供需互动水平是实现新型电力系统高效运转的客观要求和必要基础。深入挖掘用户侧调节潜力是保障电网安全稳定运行的重要方式，调节成本低于大规模储能建设，具有巨大的发展潜力。

新型电气化将推动传统工业负荷灵活性大幅提升，增加电供暖、电制氢、数据中心、电动汽车充电设施等新型灵活负荷，在能源消费侧将智能灵活的网荷互动、先进信息通信技术与能源利用相结合，实现终端负荷特性由传统的刚性、纯消费型，向柔性、生产与消费兼具型转变，形成电热冷气氢与电制燃料原材料互补互济的能源消费格局，电网从电力资源优化配置平台向能源转换枢纽转变，源网荷储灵活互动和需求侧响应能力不断提升。

促进用能行业与电力行业协调发展，引领经济社会转型。新型电力系统是一个涉及全社会各环节的开放的复杂巨系统，新型电气化是新型电力系统延伸到各用能行业的关键抓手，涵盖范围已经超出电力行业的传统边界，涉及工业、交通、居民和商业各个领域，深入重点行业工艺环节、融入关键领域用能转型，将拓宽终端用能电气化市场规模，并进一步带动重点行业和主要部门用能形态发生显著变化，在全社会绿色低碳转型中发挥重要引领作用。高比例的新能源消纳与高水平电力供需动态平衡相协调，离不开用能行业与能源电力行业持续加强协作配合。在电气化发展目标、电能替代实施路径、电力供应和终端用能绿色低碳转型等关键问题上，新型电气化将推动用能行业与能源电力行业建立更加广泛的共识，在深化各行业、各领域清洁电能替代的基础上，推动形成方向一致、融通互联、协调有序的能源高质量发展新局面，助力产业链转型升级，为实现碳达峰、碳中和目标作出积极贡献。

2
关键技术

新型电气化是推动用能方式从资源依赖走向技术驱动的过程，必须始终牢牢坚持创新引领，在工业、交通、建筑各领域推动关键用能技术创新和规模化应用，建立高度电气化、清洁、智能和安全的用能体系，满足经济发展和人民生活水平提高所带来的高质量电能持续增长需求。

当前，新型电气化关键技术已基本成熟，电动汽车、热泵、电炉炼钢等 17 项关键技术已具备技术可行性和经济竞争力，其他技术在政策支持下也将加速发展进步。预计到 2030 年，自动驾驶、绿色燃料汽车、绿色燃料船舶等 8 项技术，在加大研发投入和政策支持下，将逐步成熟并得到推广应用。到 2035 年，包括绿电化工、绿色燃料飞机等所有关键技术都将具备大范围推广应用的条件。

2.1 电气化交通

交通领域实现电能替代的重点在陆路、航运与航空领域。近年来，电动汽车、氢燃料汽车技术飞速发展；互联网、大数据、云计算、人工智能等信息技术在交通运输上应用，带动自动驾驶等便利化、智能化、绿色化新技术不断革新；电动船舶、电动飞机等前沿技术研发布局，未来将逐渐形成基于新技术、新能源、新材料的现代智能绿色交通形态，为交通领域深度电能替代带来前所未有的机遇。

2.1.1 陆路

1. 电动汽车技术

电动汽车是指采用动力电池与电机作为动力来源的车辆。1834 年，世界第一台电动汽车由美国发明家托马斯·达文波特（Thomas Davenport）设计制造，采用直流电机作为驱动源。电动汽车工作原理如图 2-1 所示，能量转换效率高达 87%～91%，是燃油汽车的 3～6 倍❶，具有零排放、低噪声、起步快等优点。根据动力来源，电动汽车主要分为纯电动汽车、混合动力汽车与燃料电池汽车三类❷，核心技术包括动力电池技术、驱动电机技术和充换电技术。

（1）动力电池技术

当前以锂离子电池为主，能量密度接近理论极限，最高续航里程突破 1000 千米。动力电池技术是电动汽车核心技术，电池成本约占整车成本的 40%～60%。根据使用材料，主要分为铅酸电池、镍氢电池、镍镉电池、钠硫电池、锂离子电池、锌空气电池等类别，不同电池性能对比如图 2-2 所示。锂离子电池因比能量、比功率、循环寿命等各项核心性能占优，市占率达到 90% 以上。锂离子电池正极材料以磷酸铁锂和三元锂为主，负极材料多采用石墨材料，使用凝胶体、聚合物形式的液态电解质。**磷酸铁锂电池**能量

---

❶ 数据来源：Fuel Economy.gov （自 20 世纪 90 年代起提供美国市场每款车的燃油经济性数据）。

❷ 报告研究的电动汽车主要指纯电动汽车。

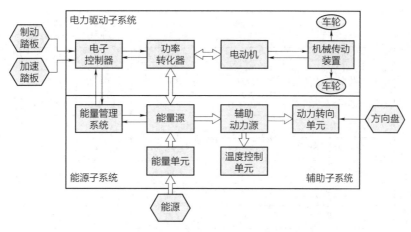

图 2-1   电动汽车工作原理

密度为 120 瓦时/千克，循环寿命超过 2000 次，安全性高，市占率为 54%。**三元锂电池**能量密度平均为 280 瓦时/千克，循环寿命为 500～1000 次，安全性相对较低，市占率约 40%。2023 年，宁德时代使用高动力仿生凝聚态电解质替代液态电解质，研发凝聚态电池，能量密度高达 500 瓦时/千克。近十年，锂电池平均价格从 6600 元/千瓦时下降至 600 元/千瓦时，电动汽车运行成本仅为燃油汽车的 15% 左右，初步具备替代燃油汽车的经济性，未来电池成本预测如图 2-3 所示。当前电动汽车平均续航里程为 400～450 千米，部分高达 1000 千米甚至更高；200 千米续航快速充电时间缩短到 0.5～1.5 小时。

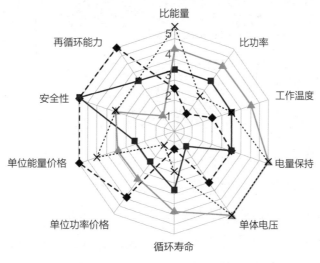

图 2-2   不同电池性能对比（一）

正极材料	钴酸锂 LiCoO$_2$	三元（镍钴锰） Li(NiCoMn)O$_2$	锰酸锂 LiMn$_2$O$_4$	磷酸铁锂 LiFePO$_4$
晶体结构	层状	层状	尖晶石	橄榄石
理论比容量（安时/千克）	274	278	148	170
实际比容量（安时/千克）	140～155	130～220	90～120	130～150
工作电压范围（伏）	3.0～4.3	3.0～4.35	3.5～4.3	2.5～3.8
平台电压（伏）	3.6～3.7	3.6～3.7	3.7～3.8	3.2～3.3
循环寿命（次）	>500	>500	>500	>2000
安全性能	差	较好	好	优
价格	高	较高	低	中等
高温性能	一般	一般	差	好
毒性/环保	有毒的钴	有毒的钴	无毒	无毒

图 2-2　不同电池性能对比（二）

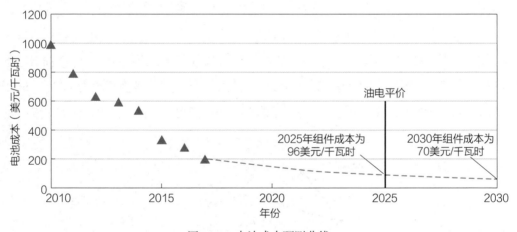

图 2-3　电池成本预测曲线

　　未来，动力电池技术主要向更高能量密度、更高循环寿命、更高安全性与更低成本发展，有固态电池、锂硫电池及钠电池三类主流技术路线。

　　固态电池使用玻璃、陶瓷等固态电解质代替传统电解液和隔膜，大幅缩小正负极间距，电池结构更加紧凑，工作原理如图 2-4 所示。能量密度最高可达 900 瓦时/千克，兼具重量轻、体积小、充电速度快、安全性能高与循环寿命长等优点，能够在低温环境下工作，适用于东北等高纬度地区。目前固态电池仍处于研发阶段，能量密度可达 300～

500 瓦时/千克。预计到 2030 年，锂金属固态电池、石墨烯固态电池等新型技术迎来历史性突破，能量密度平均达到 500 瓦时/千克。到 2040 年前，固态电池实现产业化，电动汽车全面过渡到固态电池体系，能量密度可达近 900 瓦时/千克，电池平均使用寿命将达到 15 年。

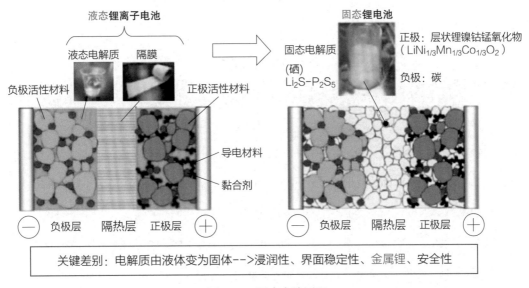

图 2-4　固态电池原理

锂硫电池是以硫作为电池正极、金属锂作为负极的一种锂电池类别，反应机理为活性硫和硫化锂间的电化学氧化还原反应。理论比容量和电池理论能量密度分别达到 1675 毫安时/克和 2600 瓦时/千克，是锂离子电池的 3～5 倍，但存在导电性差、高倍率性能低等问题，充放电过程中易体积膨胀，穿梭效应明显，安全性较低。当前锂硫电池仍处于试验阶段，未来研发方向为突破能量密度、高硫负载、低电解质/硫比、低负/正比等关键技术参数，重点提升电池安全性能。预计到 2030 年该技术初步成熟，到 2040 年前能够广泛应用于电动汽车、电动飞机等。

钠电池采用钠元素作为正负极材料，主要有层状过渡金属氧化物、普鲁士蓝（白）类化合物、聚阴离子化合物三种技术路线，具有宽温性能、高循环寿命和高安全性的特点。钠资源丰富、分布广泛、提炼简单，不易受到资源可用性和价格波动影响，常作为锂电池的替代技术路线。当前能量密度约 100～160 瓦时/千克，成本约 840 元/千瓦时。

未来,钠电池研发重点为提高能量密度、降低成本,预计到 2030 年能量密度超过 200 瓦时/千克,成本下降至 280 元/千瓦时,能够规模化应用于城市通勤和短途旅行场景。

（2）驱动电机技术

驱动电机技术包括直流电机、交流异步电机、永磁同步电机和开关磁阻电机四类技术。当前主流技术路线为永磁同步电机和交流异步电机技术。各项性能指标如表 2-1 所示。

表 2-1   驱动电机性能指标

性能	直流电机	交流异步电机	永磁同步电机	开关磁阻电机
功率密度	低	中	高	较高
转矩性能	一般	好	好	好
转速范围（转/分钟）	4000~6000	9000~15000	4000~15000	>15000
峰值效率（%）	85~90	90~95	95~97	<90
负荷效率（%）	80~87	90~92	85~97	78~86
过载能力（%）	200	300~500	300	300~500
恒功率区比例	—	1:5	1:2.25	1:3
电机尺寸/质量	大/重	中/中	小/轻	小/轻
可靠性	差	好	优良	好
结构的坚固性	差	好	一般	优良
控制操作性能	最好	好	好	好
成本	高	低	高	低于感应

永磁同步电机采用永磁体代替直流电机中的磁场线圈和感应电机中定子的励磁体产生气隙磁通量,构造如图 2-5 所示。电机转速范围为 4000~15000 转/分钟,负荷效率为 85%~97%,峰值效率为 95%~97%,过载能力为 300%,具有高效率、高力矩惯量比、高能量密度,低速大扭矩等优点,能够满足复杂多变的道路行驶条件,但是,永磁同步电机温度变化幅度大容易引起退磁,并且当前成本较高。目前国内电动汽车多采用

永磁同步电机。

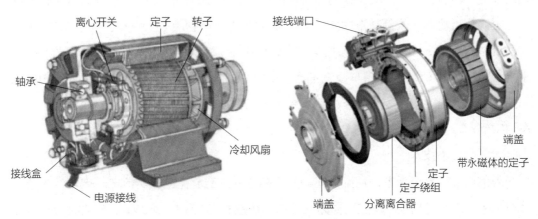

图 2-5 永磁同步电机构造示意图

交流异步电机利用定子产生磁场，定子由定子铁芯、定子绕组、铁芯外侧的外壳、支撑转子轴的轴承组成，工作原理如图 2-6 所示。交流异步电机的电机转速范围为9000~15000 转/分钟，负荷效率为 90%~92%，峰值效率为 90%~95%，过载能力为300%~500%。交流异步电机具有转矩性能好、可靠性高、成本相对较低等优点，但功率密度低，调速范围小。以特斯拉为代表的欧美地区汽车制造产商多采用交流异步电机。

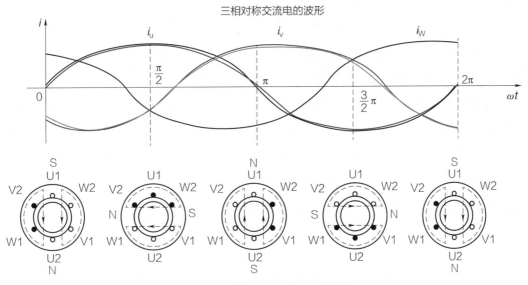

图 2-6 交流异步电机工作原理图

未来驱动电机向高能效和高集成发展。一是提升功率密度。采用发卡式绕组/扁导线绕组设计，利用更大的截面积提高电机槽满率，并通过材料优化升级、提高电机转子等途径提高输出功率，改善动力性能，提升加速能力和高速持续行驶能力。到 2030 年功率密度达到 5 千瓦/千克以上。二是集成化、模块化。电机、减速器、电机控制器、高低压直流转换器（DCDC）、双向车载充电器（OBC）、高压配电箱（PDU）、电池管理器（BMS）和整车控制器（VCU）等单个模块将不断集成为标准模块化系统，缩小模块体积，节省车内空间，降低整车质量和成本。

（3）充换电技术

当前以交流慢充为主，直流快充功率不断提升。交流充电：交流电经电动汽车的车载充电机整流成直流电，输送至动力电池组。额定充电电压包括 250 伏与 440 伏（对应市电电压 220、380 伏），分别对应额定充电功率 2.2、3.5、7、10、21、41 千瓦。当前家用 7 千瓦充电桩最为广泛，充满电一般需 7～10 小时。直流充电：直流充电桩调节电压、电流等技术参数后，将符合车辆要求的直流电输送至动力电池组。直流充电新国标❶规定最大充电功率为 800 千瓦，当前主流充电功率达到 120 千瓦，部分可达 240 千瓦，华为、特来电、威睿能源等企业相继研发 600～800 千瓦的液冷超充充电桩。快充、超充时间分别约 1～2 小时、10～15 分钟，华为液冷超充桩可实现充电 1 分钟续航 60 千米以上。

换电模式是指利用集中型充电站对大量电池集中存储、集中充电、统一配送，在电池配送站内对电动汽车进行电池更换服务，电池型号与换电方式需要进行标准统一，换电时间仅约 3～5 分钟。此模式固定资产投入大，单个乘用车、重卡换电站所需投资额分别近 491 万、914 万元，投资回收期分别为 5.3、5.2 年，在服务次数、行驶里程较低情况下，经济性更加不足，是当前制约换电服务推广的主要因素之一。

未来充电与换电技术路线并存。充电模式主要应用于乘用车市场，充电技术未来向大功率、高压快充和超充发展。到 2030 年，充电电压提升至 800 伏，最高充电功率超过 900 千瓦，充电时间缩短至 15 分钟，能够满足快速补能需求。到 2040 年前，充电电压超过 1000 伏，充电时间缩短至 5 分钟内。换电技术主要应用于重卡场景，未来重点对不同类型和品牌的私家车电池进行标准化管理，提升换电兼容性。一是形成换电接口、通信协议等统一的换电技术标准体系。二是电池组标准化模块化。电池形状、尺寸根据

❶ GB/T 20234.1—2023《电动汽车传导充电用连接装置　第 1 部分：通用要求》、GB/T 20234.3—2023《电动汽车传导充电用连接装置　第 3 部分：直流充电接口》。

不同车辆等级形成分级统一规格，锁止机构、电连接器等硬件平台统一规格，形成高度兼容的换电系统。

2. 氢燃料电池汽车

氢燃料电池以电制氢能代替化石能源为燃料，载能量大、续航里程长、清洁低碳、低温性能好，是交通领域低碳发展的重要方向。氢燃料电池汽车基本原理是电解水逆反应，将氢送到燃料电池的阳极，在催化剂的作用下，一个氢原子被分解成 2 个氢离子和 2 个电子，氢离子穿过质子交换膜与氧气结合生成水，电子无法穿过交换膜，经过外部电路产生电流驱动电机（阳极反应：$2H_2 + 2O^{2-} \longrightarrow 2H_2O + 4e^-$；阴极反应：$O_2 + 4e^- \longrightarrow 2O^{2-}$；整体电池反应：$2H_2 + O_2 \longrightarrow 2H_2O$），如图 2-7 所示。车载储氢系统主要由氢气储存罐和氢气输送管道组成，氢气储存罐通常采用高压氢气储存技术，储存氢气的压力通常为 35～70 兆帕。氢燃料电池汽车的理论热效率接近 100%，目前能量转换效率为 45%～60%。氢燃料电池能量密度高于 500 瓦时/千克，续航里程可达到 500 千米以上，加注氢在 15 分钟内。氢燃料电池汽车低温启动性能好，可在 −30℃ 启动。

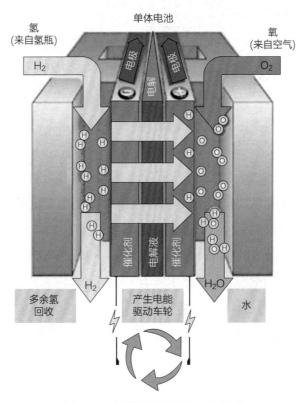

图 2-7 氢燃料电池汽车工作原理

氢燃料电池汽车构造如图 2-8 所示，核心部件包括燃料电池电堆、电池系统和电驱动三部分。电堆是电池系统的核心，包括由膜电极、双极板构成的各电池单元以及集流板、端板、密封圈等，成本占整车成本的 60%以上。膜电极的关键材料是质子交换膜、催化剂、气体扩散层，决定电堆的使用寿命和工况适应性，当前这些核心原材料国产化进程缓慢，导致制造成本较高。燃料电池车的造价平均为锂离子电动车的 1.5~2 倍，是燃油车的 3~4 倍，氢燃料电池客车售价高达上百万元；清洁能源制氢成本超过 20 元/千克，氢燃料电池汽车的燃料成本也远高于汽柴油和电动汽车。

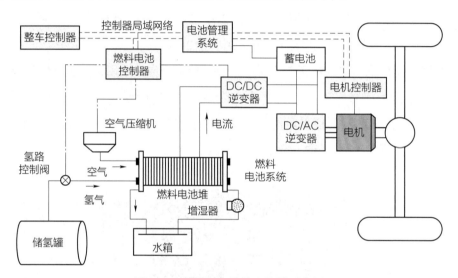

图 2-8 氢燃料电池汽车构造示意图

未来氢燃料电池汽车的研发重点，一是电堆关键材料及组件升级，提高氢燃料电池电堆功率密度；二是发展低成本、低铂金属或无铂金属的电催化剂；三是研发低成本、轻薄型、高性能复合材料双极板，重点解决耐腐蚀性、制造成本和界面接触电阻问题。预计到 2030 年，新型复合材料双极板和催化剂材料升级，廉价、高效催化剂及长寿命、高稳定性高温固体氧化物电堆等关键技术取得突破，氢燃料电池成本降至目前的 50%，氢燃料电池汽车具备技术经济可行性。到 2040 年前，电堆与催化剂继续向大功率、长寿命、低成本突破，储氢材料和储氢技术向轻量化升级，氢燃料电池成本下降至 800~1000 元/千瓦，进一步提升经济优势。

3. 车网互动技术

车网互动技术是指电动汽车通过充电桩与电网进行能量和信息的互动，利用电动汽车自带储能为电力系统提供削峰填谷等服务。根据能量流向，可分为智能有序充电和双向充放电（V2G）模式。智能有序充电，指通过价格调节机制，采用智能化手段调整新能源汽车充电时间和充电功率，实现电力系统填谷。双向充放电，指将新能源汽车作为"储能"设施，通过充放电桩实现负荷低谷时充电、负荷高峰时向电网放电。

车网互动技术主要包括计量感知技术与调度控制技术。计量感知主要采用调度通信专网，用电信息数据的采集频率多数以 1 小时为主，最高为 15 分钟，尚无法捕捉充电负荷的实时变化。同时，现有通信协议标准无法支撑 V2G 所需的完整实时通信信息及控制流程，数据安全性和网络可靠性都受到限制。未来需要建立终端用能设备统一计量标准，与大数据技术结合，准确采集、存储并快速处理海量复杂信息，并基于云数据计算和大数据人工智能处理分析等技术，实现大规模电动汽车实时智能集群控制。

车网互动调度控制方式包括分散式控制、集中式控制和分层式控制。分散式控制模式无须统一调度，决策过程在本地进行，建设成本低，控制可靠性和精度低。集中式控制模式由调度中心统一管理，控制精度高，但对双向通信能力、信息存储能力和调度中心运算能力要求较高，目前控制技术与计算能力无法支撑。分层式控制模式引入聚合商分担电动汽车控制调度任务，减轻系统通信和计算能力负担，是车网互动技术目前的主流研究方向。

4. 自动驾驶技术

自动驾驶技术是指使汽车能够在没有人类司机介入的情况下安全行驶的一系列技术，涵盖了从车辆自主控制到完全无人驾驶的广泛技术。自动驾驶汽车能够采用比人类驾驶更节能环保的最佳驾驶方式，降低能源消耗，最高可节约燃料 12%，提高道路通行能力21.6%～64.9%。自动驾驶可分为 L1～L5 级，分别对应驾驶支持、部分自动化、有条件自动化、高度自动化和完全自动化，如表 2−2 所示。按照自动驾驶分级标准，乘用车自动驾驶目前经历 L2 级别向 L3 级别过渡的阶段，商用车以 L4 级别作为主要突破方向。

自动驾驶技术架构如图 2−9 所示，核心模块包括感知、决策、规划、控制。感知模块主要负责车周信息感知和目标检测。感知模块输入各类传感器的数据，输出车道线、行人、车辆等位置和轨迹信息。主流的感知方式包含激光雷达和摄像头视觉两种。决策模块主要负责预测车周物体的运动，评估障碍物下一时刻可能的动作，输出物体运动轨迹的预测。规划模块主要负责计算车辆下一时刻的运动路径，规划与决策在开发环节往往结合在一起，基于感知模块输出的车周信息在神经网络训练融合，输出行动路线。控制模块主要负责精准控制车辆按规划轨迹行驶。控制模块根据决策规划输出的路线，生成具体的加速、转向和制动指令，控制驱动系统，转向系统，制动系统和悬架系统。

表2-2   自 动 驾 驶 技 术

分级	名称	国际自动机工程师学会的定义	主体			
			驾驶操作	周边监控	支援	系统或作用域
L0	无自动化	由人类驾驶员全程操控汽车，但可以得到示警式或须干预的辅助信息	人类驾驶者	人类驾驶者	人类驾驶者	无
L1	辅助驾驶	利用环境感知信息对转向或纵向加减速进行闭环控制，其余工作由人类驾驶员完成	人类驾驶者和系统	人类驾驶者	人类驾驶者	部分
L2	部分自动化	利用环境感知信息同时对转向和纵向加减速进行闭环控制，其余工作由人类驾驶员完成	系统	人类驾驶者	人类驾驶者	部分
L3	有条件自动化	由自动驾驶系统完成所有驾驶操作，人类驾驶员根据系统请求进行干预	系统	系统	人类驾驶者	部分
L4	高度自动化	由自动驾驶系统完成所有驾驶操作，无需人类驾驶员进行任何干预，但须限定道路和功能	系统	系统	系统	部分
L5	完全自动化	由自动驾驶系统完成所有驾驶操作，人类驾驶员能够应付所有道路和环境，系统也能完全自动完成	系统	系统	系统	全域

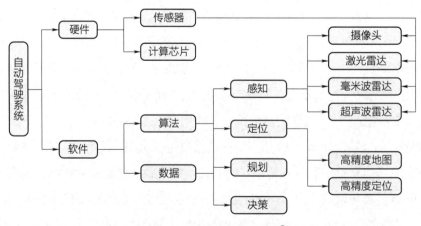

图2-9   自动驾驶技术架构[1]

---

[1] 资料来源：高工智能汽车研究院，国核证券研究院整理。

未来，自动驾驶技术发展将朝着智能化、安全化和用户体验化的方向不断演进。随着大数据、人工智能、物联网、云计算、北斗导航系统等现代信息技术在交通运输领域广泛应用，自动驾驶技术将由 L2 向 L5 级过渡。预计 2030 年，自动驾驶技术基本成熟，迈入 L3~L4 级，自动驾驶汽车渗透率达到 60%左右。到 2040 年前，自动驾驶技术继续升级至 L5 级，方向盘、刹车、油门等操控装置不再必须，交通运输电动化、智能化和共享化全面实现，汽车市场自动驾驶渗透率将达到 100%。

2.1.2　航运

航运领域重点使用清洁燃料替代燃油驱动，以甲醇、氢能、氨能等清洁燃料替代技术为发展主线，短期使用液化天然气（LNG）船舶技术为过渡方案。2030 年前，重点采用 LNG 等低碳燃料、高效发动机、整体节能等现有技术手段，LNG、氢动力、甲醇、液氨动力船舶渗透率分别为 20%、8%、8%、7%左右。到 2030—2050 年，重点研发技术为氢、氨等零碳技术，氨将成为最具潜力的燃料，自 2040 年迎来快速增长期，逐步占据主导地位。LNG、氢动力、甲醇、液氨船舶渗透率分别为 5%、20%、10%、25%左右。

1. 电动船舶技术

电动船舶以电能部分或完全替代传统燃油，将蓄电池里的电能通过电动机转换成机械能，通过推进器驱动船体前进。与传统柴油机推进船相比，纯电动船舶的推进电机易调节转速，螺旋桨采用全回转设计，在正反转各种转速下都能提供恒定的转矩，操纵性能好。根据动力电池类型，可分为锂电池+超级电容电动船舶、铅酸电池电动船舶、镍氢电池电动船舶等，动力电池构造如图 2-10 所示。磷酸铁锂电池具备安全性能高、使用寿命长、高温性能好、容量大、重量轻等优点，是现阶段船动力电池的主流选择，电池能量密度 120~180 瓦时/千克，单船带电量为 250~7500 千瓦时，续航里程基本在百千米量级。

未来电动船舶向提高能量密度、安全性和经济性提升突破。到 2030 年，电动船舶技术基本成熟，船用电池能量密度平均为 300 瓦时/千克，单船带电量平均为 2100 千瓦时，续航里程可达到百千米级别。船舶锂电单价为 750 元/千瓦时，较当前的 2000 元/千瓦时下降 63%。到 2040 年前，电动船舶技术持续升级，船用电池能量密度继续提升至 500 瓦时/千克，续航里程提升至 400~500 千米，船舶锂电单价持续下降至 400 元/千瓦时。

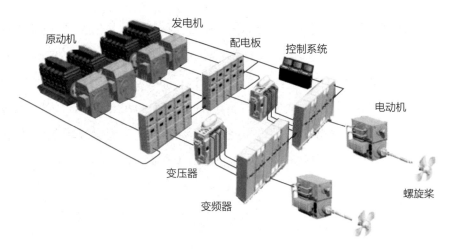

图 2-10　电动船舶动力电池构造示意图

2. 燃料船舶技术

（1）绿色甲醇船舶

绿色甲醇由可持续生物质循环利用制取或绿电制氢再与二氧化碳结合制取。绿色甲醇不含氮氧化物和硫，与常规船用燃料相比，可减少 20%、99%、60%、95%的碳氧化物、硫氧化物、氮氧化物、颗粒物排放。不同燃料能量密度对比如图 2-11 所示，在可持续燃料中，甲醇能量密度相对较高，质量能量密度约柴油的 0.47 倍，体积能量密度为 15.8 兆焦/升，甲醇船舶所需舱容约为柴油船舶的 2.3 倍，与其他绿色燃料的特性对比见表 2-3。甲醇在常温常压下为液体，无色、透明、易挥发、易燃，闪点为 12℃。甲醇船舶技术要求与 LNG 动力船舶接近，具有技术成熟、改装难度小、使用安全、加注便利等优势。应用于船舶的甲醇燃料主要包括甲醇发动机与甲醇燃料电池两种方式，特性对比见表 2-4。

表 2-3　　　　　　　　不同绿色燃料的主要特性对比

燃料*	船上压力	船上温度（℃）	理论体积能量密度（兆焦/升）	理论舱容**
LNG	常压	-162	23.4	1.5
甲醇	常压	常温	15.8	2.2
生物柴油	常压	常温	33.3	1.1
液氢	常压	-253	8.5	4.1

燃料*	船上压力	船上温度（℃）	理论体积能量密度（兆焦/升）	理论舱容**
液氨	常压/1 兆帕	−34/常温	12.7	2.8
动力电池	常压	常温	1	35
HFO	常压	常温	35	1

* 除动力电池外，其余均以液态型式储存在船上。

** 以主流燃料船用重油为参考，设定其舱容为 1。

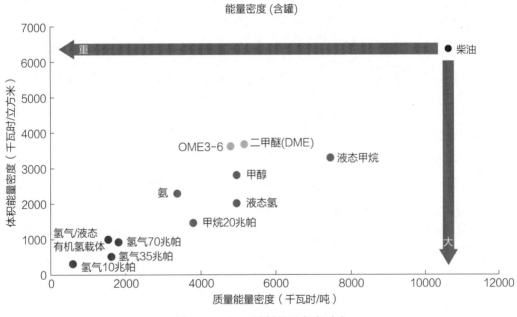

图 2–11　不同燃料能量密度对比

甲醇发动机是主要的应用方式，目前甲醇燃油双燃料发动机已经实现商业化。甲醇双燃料发动机保留原传统燃油发动机燃油喷射系统，额外增加甲醇喷射系统，主要包括甲醇喷嘴、液压油与密封油模块等。船舶另外配置甲醇燃料储存、注入和输送、供给等相关配套系统，以及考虑规范规则要求的应急切断和安保系统等。未来重点研发方向是升级燃料喷射技术，均化燃烧发展过程中的物理混合、化学反应动态变化，达到燃烧物与氧化物分子的理想均匀分布状态，提高燃料热效率。预计 2030 年甲醇发动机技术将完全成熟。

甲醇燃料应用方式对比见表 2-4。

表 2-4　　　　　　　　　　甲醇燃料应用方式对比

项目	内燃机	燃料电池		
		质子交换膜燃料电池	固体氧化物燃料电池	直接甲醇燃料电池
主要类型	甲醇发动机	质子交换膜燃料电池	固体氧化物燃料电池	直接甲醇燃料电池
功率/能量密度等级	最大 15 兆瓦（单机）	500 千瓦（多模块）	最大 10 兆瓦（多模块）	最大 10 千瓦
热效率	<50%	50%~60%	60%	40%~50%
动态响应特性	好	较好	差	差
技术成熟度	中等	高	中等	差
特点	功率密度、可靠性、寿命、成本方面具有综合优势	能量转化效率较高但成本高，船上大容量储氢受限		

甲醇燃料电池分为直接甲醇燃料电池和间接甲醇燃料电池。直接甲醇燃料电池基本工作原理为：由阳极进入的甲醇溶液燃料在催化剂的作用下迅速分解为质子，同时释放出电子，将质子经由中间的质子交换层传送至阴极，然后再和阴极的氢气进行化学反应得到水，在此过程中所形成的电子通过外电路回到了阴极，形成了传输电流并可以带动负载。间接甲醇燃料电池工作原理如图 2-12 所示，本质是甲醇通过重整器产生氢气，再以氢气为燃料的电池，其工作原理为：甲醇和水按一定比例混合，在250～300℃下进行甲醇重组反应，产生的氢气经提纯过滤后提供给氢燃料电池堆。当前燃料电池没有突破兆瓦级功率，只适用于沿海或内河的小型船舶。未来发展方向是高温甲醇燃料电池，重点突破甲醇重整催化剂、质子交换膜（PEM）等核心部件的制造和合成工艺。预计到2030 年，基于质子交换膜（PEM）技术的甲醇燃料电池船舶技术基本成熟；到 2040 年前，基于固体氧化物技术的甲醇燃料电池船舶技术成熟。

（2）绿氨燃料动力船舶

氨能量密度较低，产生相同能量所需氨的体积是石油体积的 2.4 倍，在相同的续航力下，氨燃料存储仓的容积约为船用柴油的 2.75 倍。与氢气相比，液氨的密度是液氢的8.5 倍，同质量的液氨储罐体积是液氢储罐的 0.2%～1%；氢气在常压下的液化温度为 -283℃，而氨在 -33.4℃或者常温下 9 个大气压即可液化，储存和运输方便；在成本上，100 千米内液氨储运成本约 150 元/吨，500 千米内液氨储运成本为 350 元/吨，仅为液氢储运成本的 1.7%；氨的爆炸极限范围为 16%～25%，比氢气更窄且沸点更高，发生火灾和爆炸的可能性更低。氨燃烧产生氮氧化物，需要选择性催化还原装置进行处理。氨应用于船舶有两种技术路径：氨燃料电池和氨内燃机。

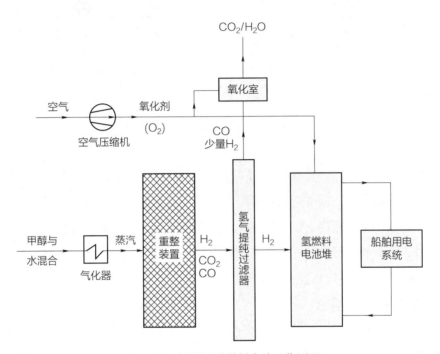

图 2-12   间接甲醇燃料电池工作原理

氨燃料电池原理如图 2-13 所示，在 750℃高温下，以镍为阳极触媒，氨几乎 100% 热解成氢与氮，氢再与氧离子发生电化学反应，与氢燃料电池性能接近。根据供氨方式的不同，氨燃料电池可分为直接氨燃料电池和间接氨燃料电池。直接氨燃料电池的氨不经过外部重整，直接进入燃料电池进行发电；间接氨燃料电池通过外部重整器先在外部将燃料分解成氮气和氢气燃料。根据电解质可将氨燃料电池分为氧阴离子导电电解质固体氧化物燃料电池（SOFC-O）、质子传导电解质固体氧化物燃料电池（SOFC-H）、质子交换膜燃料电池（PEMFC）、碱性膜燃料电池（AMFC）等。其中，SOFC 是最常研究的氨燃料电池类型。氨燃料电池研究始于 20 世纪中期，当前处于实验验证阶段，国内于 2024 年自主研发首套直接氨燃料电池发电模块，验证氨直接作为燃料在固体氧化物燃料电池发电系统的可行性。预计到 2040 年前，氨燃料电池技术能够成熟。

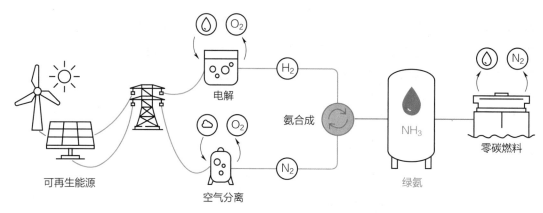

图 2-13   氨燃料电池工作原理

氨用作内燃机燃料时，热效率高为 50%～60%，但相对于汽油、柴油，氨的点火能量高、层流燃烧速度慢，需要跟其他燃料混合使用，但混合燃料将产生温室效应更强的排放物。未来重点研发方向，一是研究不同工况下氨的燃料热力学特性，如燃烧速度、火焰稳定性、点火特性等性能；二是氨燃料发动机、供应系统等关键装备系统研发。预计到 2030 年左右，氨内燃机技术基本成熟。

（3）绿氢燃料动力船舶

氢体积能量密度较低，标准状态下气态氢的体积能量密度仅为汽油的 0.04%，质量体积比约为柴油的 1/30，液态氢的体积能量密度是汽油的 32%。氢燃料电池动力系统主要由氢气储罐、质子交换膜、催化剂、阳极、阴极、气体扩散层（GDL）构成，基本工作原理为：电化学反应时，氢和氧通过质子交换膜相互作用发生氧化还原反应，产生电流，阴极催化剂将氢气还原为水，阳极催化剂将氢气氧化为氧化氢，通过电化学反应将水分解。

氢燃料电池能量密度高、能量转换效率高、环境适应性强，但需要对氢气进行预处理，系统体积大，船舶空间利用率与续航力不高，并存在低温性能、耐久性、高温下工作性能、密封问题等，当前处于研发和示范运行阶段。未来绿氢燃料动力船舶重点研发方向主要包括以下几个方面。一是提升电池功率密度。氢燃料电池车用系统功率一般在百千瓦级，输出功率波动较大，而船用燃料电池由于船舶体积较大与远距离续航要求，输出功率需要在上千千瓦级，要求长时间稳定输出；船用燃料电池不能将多个车用燃料电池简单叠加，需要对单电池间的配伍性、水热管理系统、散热、防爆设计等进行研究。

二是突破氢储供技术。高压气态储氢技术目前已较为成熟，船舶应用可行性最高，未来发展高体积能量密度的储氢技术是研究热点。三是提高经济性。目前符合船级社要求的燃料电池系统成本约为 1 万美元/千瓦，未来需降低至 30 美元/千瓦具备经济可行性。预计到 2030 年，氢燃料电池船舶技术基本成熟。

3. 港口岸电技术

港口岸电技术是指在船舶停靠港口时利用岸基电源向船舶供电，替代船用燃油发电机进行发电。按照电压等级及容量，分为低压小容量岸电技术、低压大容量岸电技术、高压岸电技术三类，关键参数如表 2-5 所示。岸电能源利用效率高于传统船电系统，船电系统柴油发电机效率为 31%～35%，岸电采用大电网输电，发电效率为 40%～44%[1]。岸电改造减排效益显著，美国洛杉矶港集装箱船舶岸电改造后，港口二氧化硫、氮氧化合物和可吸入颗粒物 PM_{10} 的排放量平均减少 95%。水域生态保护效益显著，柴油发电机发电噪声为 80～90 分贝，严重威胁珍稀濒危物种生存繁衍。2022 年，国内沿海港口岸电覆盖率平均达到 84%，内河实现港口岸电 100%全覆盖，但内河港口平均岸电使用率仅为 43%。港口岸电项目经济性分析如表 2-6 所示。

表 2-5　港口岸电技术关键参数表

类别	低压小容量岸电技术	低压大容量岸电技术	高压岸电技术
典型应用场景	沿江、京杭运河渠划段；内河服务区、湖泊、待闸锚地等水域	沿江、京杭运河渠划段、内河服务区、待闸锚地等水域	沿海、沿江大中型港口等水域
适用船舶	小型集装箱船、干散货船、滚装船等	中型集装箱船、干散货船、游轮、邮轮等	大型集装箱船、干散货船、游轮、邮轮等
容量范围	≤100 千瓦	100～1000 千瓦	≥1000 千瓦
电压等级	三相 380 伏、单相 220 伏	≤1 千伏	1～15 千伏
频率	50 赫兹	50/60 赫兹	50/60 赫兹
可靠性	低压 400 伏公用变压器供电，可靠性一般	10 千伏专用变压器供电，可靠性高	10 千伏专用变压器供电，可靠性高

[1] 以目前主流的 600 兆瓦和 1000 兆瓦燃煤发电机组计。

续表

类别	低压小容量岸电技术	低压大容量岸电技术	高压岸电技术
安全性	安全性一般，高峰负荷时期，公用变压器台区供电安全性不高	10千伏专用变压器供电，安全性高	10千伏专用变压器供电，安全性高
便捷性	电缆根数少，便捷性高	电缆根数多，便捷性差	高压上船，电缆根数少，便捷性高，低压上船，电缆根数多，便捷性差
减排效益	用电量小，减排效益一般	用电量较大，减排效益较好	用电量很高，减排效益很好

表 2-6　　　　　　　　　　**内河港口岸电经济性分析**

序号		代表性船型	集装箱船	游轮	集装箱、干散货船		干散货船
		船型吨位（吨）	>10000	>10000	5000~10000	2000~5000	≤1000
		配置项目	高压岸电	低压大容量	低压大容量	低压小容量	低压小容量
		设计用电容量（千瓦）	600	500	150	30	7
1	初投资（万元）	小计	473	379	174	55	5
		1.1 土建工程	10	23	20	11	1.5
		1.2 设备购置	450	292	124	30	2.5
		1.3 工程安装	10	30	30	14	1
		1.4 其他	3	34	0	0	0
2	运行成本（万元/年）	小计	89	99	25	5	0.65
		设备运维	14	11	5	2	0.15
		人工成本	60	70	16	2	0.4
		杂费	15	18	4	1	0.1
3	电价（元/千瓦时）		0.61	0.61	0.61	0.61	0.61
4	辅机燃油发电成本（元/千瓦时）		2.4	2.4	2.4	2.4	2.4

续表

序号	代表性船型	集装箱船	游轮	集装箱、干散货船	干散货船	干散货船
	船型吨位（吨）	＞10000	＞10000	5000～10000	2000～5000	≤1000
	配置项目	高压岸电	低压大容量	低压大容量	低压小容量	低压小容量
	设计用电容量（千瓦）	600	500	150	30	7
5	理想年利用小时数（小时）	3000	5184	3000	3000	2500
6	岸电收费2.4元/千瓦时投资回收期（年）　100%理想年利用小时数	3	2	6	8	3
	50%理想年利用小时数	20	6	59	57	11

未来，港口岸电将从单一电力供应逐步向智能化、网络化方向发展，满足不同船舶类型在不同地域差异性需求。采用信息化技术，逐步实现岸电快速连接、电缆自动收放，计量计费统一管理等功能，大幅提升岸电应用效率，逐步实现船舶应用岸电信息在区域间、流域间互联共享、统一管控，实现全流域岸电设置"一条龙"服务。从经济性来看，由于设备利用率和服务价格低，近期港口岸电除油轮码头外，其余项目经济性较差，推广普及需要政府补贴等支持政策扶持。未来考虑船舶受电设施改造比例提高后岸电利用率增加，市场发展成熟并逐渐形成合理服务收费价格，岸电经济性将改善提升。根据调研统计，国家电网有限公司经营区域目前具备建设岸电系统的泊位6000余个，其中大中型船舶泊位约2000个，小型船舶泊位约4000个，预计"十四五"期间可实现累计替代电量150亿千瓦时，主要分布于湖北、江苏、上海、安徽、湖南、江西、重庆、浙江、四川等省（区、市）。

2.1.3 航空

1. 电动飞机技术

电力驱动系统是电动飞机的动力来源，主要由电动机、电池及电控系统等组成。传统涡轮风扇发动机对燃料能量的利用效率约 40%，电动飞机对电能的利用率能够超过 70%。电动飞机的关键技术包括电推进技术和动力电池技术。电推进技术的关键为电机驱动技术，当前以永磁同步电机与交流感应电机为主。永磁同步电机励磁磁场在定子相绕组中感应出的电动势为正弦波，采用矢量控制可以实现宽范围恒功率弱磁调速，具有噪声低、转矩密度高、功率密度大、脉动转矩小、控制精度高、过载能力强等特点，适合作为电动飞机的推进系统。当前，国外电动飞机采用有刷直流电机或者永磁无刷直流电机作为主推进源，效率最高为 92%，最高巡航能力为 326 千米/时，最大功率为 190 千瓦。但目前电动机的功重比低于 2.5 千瓦/千克，低于涡轮发动机功率密度 3～8 千瓦/千克，是制约其发展的重要问题。未来，主推进电动机将向直驱空冷高效高能密度永磁同步电动机方向发展，进一步提升功重比。主推动电动机性能对比见表 2-7。

表 2-7   主推动电动机性能对比

项目	直流电机	交流感应电机	开关磁阻电机	无刷直流电机	永磁同步电机
转速范围（转/分钟）	4000～6000	12000～20000	2000～8000	50～10000	50～10000
功率及转矩密度	低	中	高	高	较高
过载能量（%）	200	300～500	300	300～500	300～500
转矩脉动	较小	较小	较大	较大	较小
效率（%）	80～87	90～92	78～86	85～95	85～97
电机质量	重	中	轻	轻	轻
功率因数	—	< 0.85	< 0.94	> 0.92	> 0.95
外形尺寸	大	中	小	小	小
结构坚固性	差	好	一般	好	优良
控制操作性能	较好	好	好	好	好
控制器成本	低	高	高	高	高

动力电池是电动飞机的心脏，其技术水平与各项指标直接关系到电动飞机性能。目前使用的电池主要是燃料电池、蓄电池、太阳能电池等，电池能量密度低于 0.5 千瓦时/千克，不到燃油飞机的能量密度 12.7 千瓦时/千克的 4%。未来重点提升电池能量密度，

在不同的化学电池组成技术路线下,到 2030 年动力电池能量密度为 1~1.5 千瓦时/千克,最大航程约为 500 千米,15~20 座电动飞机开始验证使用。到 2040 年前,电动飞机技术成熟,在 50~100 座的小型短途领域进入商业化使用阶段。

2. 氢动力飞机

氢燃料用作航空动力有两种技术路线:一是改造传统涡轮发动机,使其能够燃烧氢燃料;二是氢燃料电池飞机。

氢涡轮发动机结构与现役航空涡轮发动机基本相同,氢燃料以低温液体状态存储于飞机的液氢罐中,液氢经过换热器转变为氢气进入燃烧室,推动涡轮并带动风扇产生推力,如图 2-14 所示。氢涡轮发动机较传统发动机的推力可提升 32%,推力质量比可提升 9.2%。氢燃烧时火焰温度比航空煤油高约 150℃,火焰传播速度是航空煤油的 6 倍左右,可燃极限范围非常宽(在空气中体积占比 4%~75%),面临极高的自燃风险、燃烧不稳定风险和回火风险,易生成较高氮氧化物。需要对传统发动机的燃烧室、燃料喷射与混合装置、热循环和管理系统等进行全面改造,但该技术发展缓慢。在同等热力循环参数条件下,氢燃料发动机需要具备更高转速才能补偿燃气流量减少产生的功率损失,转速限制是氢燃料发动机进一步提升性能的主要瓶颈。当前尚无成熟氢燃料发动机投入商业应用,在役的氢燃料地面燃机以掺氢燃烧为主。预计到 2030 年可以实现全部燃机 100%纯氢燃烧,到 2040 年前,氢涡轮发动机技术基本成熟。

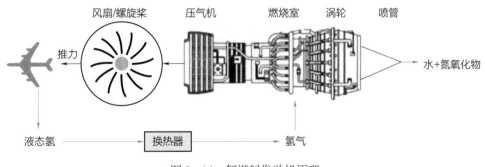

图 2-14   氢燃料发动机原理

氢燃料电池飞机利用氢燃料电池的电化学反应产生电能,电动机带动风扇(或螺旋桨)产生推力。目前航空领域的氢燃料电池均采用低温质子交换膜技术(PEM),其原理为:氢气进入燃料电池的阳极,在催化剂的作用下分解为氢离子(质子)和电子,氢离子穿过 PEM

电解液渗透到阴极，同时电子流经外部电路产生电能。氧气以空气的形式进入阴极，在阴极与氢离子和电子结合产生水和热量。氢气具有较高的能量密度，相较锂电池可支撑更长的续航里程，并可以配合高效率、低噪声、低维护成本的电动传动系统。目前氢燃料电池飞机技术还存在能量密度低、使用寿命短和单体输出功率低等问题，应用于航空领域的氢燃料电池为车载氢燃料电池的改装版本，功率密度约为 0.75 千瓦/千克，只适用于小型飞机或者为大型飞机提供辅助动力，需提高 2～3 倍后才具备航空应用条件。

氢储存技术是氢能航空发展的关键，也是目前限制氢能大规模应用的技术瓶颈。目前国外已经实现 70 兆帕压力非金属内胆纤维全缠绕结构（Ⅳ型）储氢罐的应用，技术缺点在于体积比容量低、储氢量少，安全性能差。液态氢能量可为 10.05 毫焦/升，是 50 兆帕下气态氢的 2 倍，相比于气态存储能量密度更高、储氢密度更大、运输方便，但液氢沸点温度仅有 −252.78℃，对存储容器绝热和密封要求很高。液态氢所含能量仅为同等体积化石燃料的 1/4 左右，目前机翼油箱的储存空间仅支持支线客机和中短程客机，不适用于长距离飞行。

未来氢燃料电池飞机研发方向，一是提高电池功率密度和寿命，研发突破新型电极材料、高性能催化剂、高比功率电堆、耐低温系统集成等关键技术；二是突破氢储存技术。预计到 2030 年，氢燃料电池飞机能够达到小型燃气涡轮发动机的水平（1.5～2 千瓦/千克），到 2040 年前，氢燃料飞机技术基本成熟。

2.2　电　制　热　（冷）

2.2.1　电加热

电加热是将电能直接转化为热能或间接驱动媒介实现热能转移。居民与商业领域电加热技术主要包括热泵、电锅炉、电暖气、电炊事、电热水等。工业领域电加热技术主要包括电窑炉、电熔炉等。

1. 热泵

热泵的工作原理是以逆循环方式使热量从低位热源流向高位热源。它仅消耗少量的逆循环净功，就可以得到较大的供热量，可以有效地把难以应用的低品位热能利用起来，达到节能目的。热泵工作原理示意如图 2-15 所示，虚线框从左到右分别为低位热源、热泵压缩机和室内。常见的低位热源包括空气、地表水、地下水、污水、地表浅层土壤等，对应于空气源热泵、水源热泵和地源热泵。

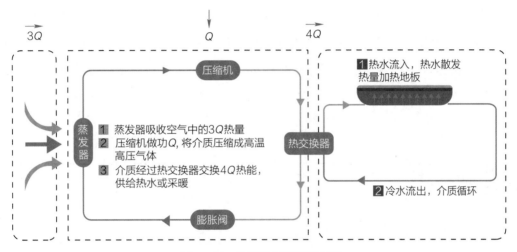

图 2-15　热泵工作原理示意图

空气源热泵是利用环境中的低温余热，经过压缩处理提升冷媒温度后供热的技术，应用较广泛。除污染物排放小、碳排放强度低外，其突出优势是能效高。供热时机组能效比能够达到 2.5~4，系统能效比能够达到 2~3.5。空气源热泵在环境温度低于 -5℃时，制热效率大幅度下降，一般不能在严寒地区使用。近年来随着技术进步，其低温工作性能不断提升，最低工作温度可达到 -20℃，最高出水温度达到 55℃，适用范围包括长江流域、华北地区、汾渭平原、东北部分地区等。

水源热泵供热时，机组能效比能够达到 4~5.5，系统能效比能够达到 3~4.5。但对地下水资源要求较高，部分地区回灌困难。水源热泵分为开式和闭式，不同的水源利用成本差异较大，闭式系统一般成本较高，而开式系统水源限制条件较多，必须满足一定的温度、水量和清洁度，否则会增加运行维护费用。水源热泵适用于地质条件较好、地下水比较丰富的建筑物采暖。

地源热泵供热时，机组能效比能够达到 4～5，系统能效比能够达到 3～4.2，适用于具有较大空地的新建建筑采暖。

热泵受制于工作环境限制，未来研发方向是进一步提高工作效率和稳定性，扩展应用场景。一是拓展热泵适应性。提高空气源热泵在严寒地区应用的可靠性，开发多样热泵产品以适应不同的建筑气候区，降低运行噪声等。到 2030 年，热泵能够在严寒地区稳定运行。到 2040 年前，热泵能够进一步在 −30～0℃ 稳定运行。二是提升热泵效率。开发高效喷气增焓压缩机，提升热泵主机的能效比。到 2030、2050 年，能效比提高到 300%、400% 以上。三是热泵与其他技术相结合。热泵与其他供热相结合，如燃气或生物质锅炉等，当热泵运行条件不理想时，能够混合供热。热泵与蓄热技术相结合，利用蓄热装置进一步降低运行成本，提升极端低温天气下的稳定性。预计到 2030 年后，热泵将逐步实现供暖、供生活热水、供蒸汽等多功能多场景应用。

专栏2.1   热 泵 供 暖

　　热泵采暖最早源于欧洲的高纬度高寒地区，是一种利用外部热能来为室内空间供暖的系统，被视为壁挂炉、锅炉和电暖气等取暖设备的替代产品。挪威、芬兰和瑞典在人均热泵使用率方面均位于世界前列。随着北半球气温逐渐下降，越来越多的国家将进入采暖季。在欧洲，由于近两年能源价格居高不下，很多国家都在加大力度推广使用热泵供暖技术。

　　2023 年 9 月，德国议会投票通过了"德国建筑能源法案（GEG）"，也就是俗称的"供暖法案"。该法案规定，从 2024 年起，德国将逐步禁止使用传统的壁挂炉和锅炉作为供暖系统，力推可再生能源的使用，要求每个新安装的供暖系统必须达到至少 65% 的可再生能源贡献比例，例如，热泵和生物质锅炉，这也就意味着德国对热泵的需求将走高。

在过去两年里，欧洲能源危机愈发严重，特别是地缘政治紧张导致高度依赖天然气能源的欧洲多国加快了能源结构转型的步伐，约9成能源需海外进口的德国便是其中之一。从德国现有建筑的供暖行业结构来看，行业协会 BDEW 的数据显示，德国共有约 1890 万栋住宅楼。其中约 80%用石化燃料满足热能需求。尤其是天然气在供暖领域占据着近 50%的主导地位。德国现阶段对化石燃料供热依赖严重，这也就意味着德国需要从国外进口大量化石能源以满足供热系统，而无论是进口渠道的变化，还是能源价格波动都会给其带来巨大影响。

为推进能源结构转型与双碳目标实现，德国加速了供暖领域的变革，供暖法案便是一个重要举措。在最初阶段，这一法案仅适用于新建住宅开发区域内的新建建筑，现有建筑和新开发区以外的新建建筑将逐步过渡，有效期至 2044 年 12 月 31 日。从 2045 年起，德国将全面禁止石油和天然气供暖。在供暖法案正式生效后，德国热泵需求将会激增，除新建建筑，现有建筑在更换供暖设备时也将考虑热泵等可持续供暖解决方案。

德国现有住宅楼供暖系统年限结构的调查显示，许多供暖系统已经达到了可更换的年限。其中，使用年限在 21~30 年之间的比例为 12%，超过 30 年的比例为 5%。这也就意味着，德国许多供暖系统将在未来十年内更换。

根据供暖法案，德国政府计划通过直接拨款、贷款和税收优惠等政策来鼓励民众翻新和改用可再生能源供暖系统。所有安装气候友好型供暖系统的房主都将获得 30%的购置费与安装成本补偿；如果应税家庭收入低于 40000 欧元（适用于 45% 的房主），则将另外增加 30%的补贴；如果在 2028 年之前进行更换，则可额外获得 20%的补贴，补贴总额上限为 70%。

实际上，最近几年，天然气供暖系统的份额一直在下降，2015 年天然气供暖系统的份额为 52%，但到 2022 年将下降至 28%。德国热泵需求呈上升趋势，根据德国热泵行业协会统计，2022 年，57%的新建建筑安装了约 23 万台热泵。由于热泵使用清洁电力，供热效率更高，具备环保、经济优势，德国政府希望将热泵提升至第一大供热系统，计划 2024 年起每年新装 50 万台热泵，到 2030 年市场保有量达到 600 万台。

2. 蓄热式电锅炉

蓄热式电锅炉是在电锅炉的基础上增加一套蓄热系统，以夜间低谷时段的电能作为能源，利用加热体将其转化成为热能，通过蓄热系统实现蓄热，在白天高峰时段释放具有一定热能的蒸汽、高温水或有机热载体，满足供热需求。蓄热式电锅炉的加热方式有电磁感应加热方式和电阻加热方式两种。电阻加热方式即采用电阻式管状电热元件加热，电磁加热是通过利用电磁感应原理，在被加热物料内部产生电流而发热。蓄热式电锅炉基本上都采用电阻式管状电热元件进行加热。蓄热式电锅炉工作原理示意见图 2-16。

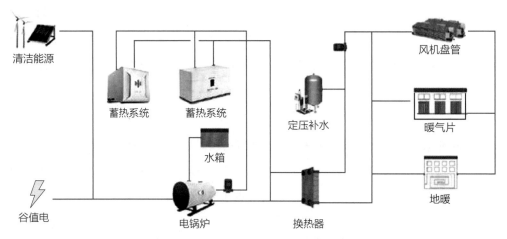

图 2-16　蓄热式电锅炉工作原理示意图

水蓄热电锅炉以水为储热介质，蓄热密度小，造价较低，占地面积较大。适用于峰谷电价差较大的场景，具有弃风优惠电价政策的地区。

固体蓄热式电锅炉采用高温固体作为蓄热材料，蓄热密度大，造价相对较高，占地面积较小。固体蓄热材料使用温度高达 750℃，储热密度高，设备体积小。输出温度连续可调，控制简单方便。适用于场址面积受一定限制的供热场景。

相变蓄热式电锅炉采用相变蓄热材料作为蓄热介质，主要包括结晶水合盐、熔融盐、石蜡、复合相变材料等，蓄热密度是同体积水储热量的 10 倍，放热温度波动小，保温性能好，纯储热状态下热量散失低，使用寿命长达 20 年。相变蓄热材料成本高，相应增加整体供暖成本，适用于有较高稳定供暖要求的场景。

蓄热式电锅炉未来将重点研发新型储热材料，提高蓄热量。 新型蓄热材料主要解决蓄热密度不足的问题，提升蓄热材料蓄热温度上限，减少蓄热体占地面积和蓄热系统成本。到 2030 年，新型材料储热密度相较高温固体材料提高 30%以上。到 2050 年，新型材料储热密度较高温固体材料提高 80%以上，储热系统运行效率和储热量显著增加。

3. 电暖气

油汀式取暖器是一种充油式取暖器，在散热片的腔体内部，利用电阻加热管加热密封的导热油，热量沿着热管或散热片对流循环，通过腔体壁表面将热量辐射出去，从而加热空间环境。取暖器一般都装有双金属温控元件，当油温达到调定温度时，温控元件会自行断开电源。被空气冷却的导热油下降到电热管周围又被加热，开始新的循环。

碳晶板是一种以碳素晶体发热板为主要制热部件的新型的地面低温辐射采暖系统。碳晶板在交变电场作用下，碳质子、碳原子和碳中子之间摩擦、碰撞做"布朗运动"，从而产生大量热量。碳晶板面温度升高，并不断通过紧贴碳晶板的地面材料，将热量均匀传递到地板或地砖表面。同时，碳晶板会大量产生向上的远红外波，对室内物体进行制热。碳晶板能够对物体起到迅速升温的作用，电能被有效转换成了超过 60%的传导热能和超过 30%的红外辐射能。这种双重制热原理，使被加热物体温更快、吸收的热能更充足，适用于公共建筑和新建住宅建筑。

发热电缆是制成电缆结构，利用合金电阻丝或者碳纤维发热体远红外进行通电发热，用于电地暖系统。发热电缆也是双重制热原理，通电后电缆内部的镍合金金属组成的热线发热，并在 40～60℃的低温运行，埋设在填充层内的发热电缆，将热能通过热传导的方式加热包围在其周的水泥层，然后再通过对流方式加热空气，传导热量占发热电缆发热量的 50%。发热电缆通电后，同时能够发出的 8～13 微米的远红外线，向人体和空间辐射热量，这部分热量也占发热量的 50%，发热效率近乎 100%。发热电缆取暖对既有建筑改造工程量较大，对安装质量要求较高，可在新建建筑取暖中均推广应用。

电暖气未来的研发方向是节能环保、智能化、便捷化。 电暖气在能效、安全性、智能化等方面不断取得突破。未来研发的重点方向是电暖气智能远程控制，研发新型低能耗、低排放的电暖气产品，以及制热效率高、安装维修便捷的电暖气产品。

4. 电炊事

电炊具按其加热方式可以分为电磁加热炊具和直热式电炊具。其中，直热式电炊具主要有电饭锅、电水壶、电烤炉等，其主要原理为通过热阻原件直接将电能转化为热能；

电磁式加热炊具主要为电磁灶、微波炉等，主要以电磁感应为原理，将电能转化为磁能后再进一步转化为热能。从能效角度看，直炊式电炊具的热效率基本保持在 70%～80% 的水平，电磁加热炊具的热效率则可以高达 80%～95%，两类电炊具热效率整体高于燃气炊具 15%以上，更高于传统的燃煤方式，同时具备使用安全方便、污染小等特点。

多功能电炊具将成为发展重点。电炊具技术较为成熟，未来将向多功能、智能化发展。全电磁厨房技术正在渗透普及。全电厨房即用电能替代传统管道燃气作为厨房烹饪为主要能源，应用集成化、自动化、智能化电磁加热灶具及电器，实现烹饪过程无明火无废气，精准控温油烟，从而达到安全、节能、清洁等目的。

5. 电热水

电热水器主要是通过内部的电阻丝或电热管等电热元件，通电后产生热量，将水加热并储存。同时，电热水器还配备有温度控制系统，可以自动控制加热温度，防止过热和沸腾。电热水器根据容量、安装方式、加热方式等方面可以分为不同的类型。常见的电热水器类型包括：**储水式电热水器**是将水储存在内部，通过加热元件将水加热，使用时从水箱中取水；**即热式电热水器**是一种即热式电热水器，它采用先进的加热技术，具有加热速度快、体积小、节省空间等优点，但即热式电热水器的功率较大，对线路要求较高；**太阳能电热水器**结合了太阳能和电能的优点，它利用太阳能板将太阳能转化为电能，再通过电加热元件将水加热，适合在阳光充足的地方使用。

大功率、智能化电热水器将成为发展重点。电热水技术较为成熟，未来大功率、智能化电热水器将成为主流，即热式电热水器实现稳定、快速、大规模出水。

6. 电窑炉

水泥电窑炉技术目前尚未成熟。水泥电窑炉指使用电能作为加热能源的水泥回转窑。水泥电窑炉主要由筒体，支承装置，带挡轮支承装置，传动装置，活动窑头，窑尾密封装置等部件组成，通过转窑在高温状态下重载交变慢速运转，加热窑内密闭物料。水泥电窑炉一般为外加热回转窑，加热元件在加热炉与筒体之间，通过耐热钢筒壁传热来加热物料，加热炉内衬为耐火纤维。水泥电窑炉受加热方式及筒体材质所限，一般筒体长度不大于 15 米，加热温度不大于 1200℃，产量较小。**水泥电窑炉经济性较低，**电加热材料价格和电能成本较高，导致一次性投资和运行成本远高于传统窑炉，商业应用范围有限。

陶瓷电热隧道窑技术已实现商业应用。陶瓷电热隧道窑是由耐火材料、保温材料和建筑材料砌筑而成的在内装有窑车等运载工具的与隧道相似的窑炉，是利用电能连续式加热的热工设备。陶瓷电热隧道窑具有烧成温度高、炉温控制精确的特点，能够克服燃气炉炉温低、温度调控粗放的缺陷，其市场主要集中在高级工艺陶瓷领域。**陶瓷电热隧道窑已具备经济性。**以940吨陶瓷电热隧道窑和燃气隧道窑对比分析，电热隧道窑费用年值比天然气隧道窑低，具有很好的推广经济性。陶瓷电热、燃气隧道窑技术比较见表2-8，经济性对比见表2-9。

表2-8 陶瓷电热、燃气隧道窑技术比较

类型	烧成温度（℃）	热效率	温控精度（℃）
电热隧道窑	1400～1500	72%～80%	±5
燃气隧道窑	700～900	50%～65%	±25

表2-9 陶瓷电热、燃气隧道窑经济性对比

项目	单位	电热隧道窑	燃气隧道窑
初投资	万元	88	63
运行成本	万元	180	196
使用寿命	年	10	10
投资年值	万元	12	8.6
费用年值	万元	192	204.6
能耗指标	千克标准煤/千克	0.66	1.02

建材行业未来将重点研发电窑炉技术，提高水泥电窑炉规模。水泥电窑炉技术未来将在结构设计、技术研发、耐火材料、大容量装备制造上取得进一步突破，提升电窑炉单窑规模和经济性。预计到2030年前，实现电窑炉大规模商业应用。

7. 电熔炉

玻璃电熔炉技术广泛应用于深加工玻璃。玻璃电熔炉是用电能熔融玻璃液的电加热炉。根据电能熔融玻璃液的方式，可分为全电熔化、"燃料+电"混合熔化和电辅助加热熔化。全电熔炉是在高温玻璃液中由电极输入交流电，通过玻璃液中的离子导电所产生的焦耳热直接将配合料熔制玻璃的熔化方式。玻璃电熔炉由于利用玻璃液直接作为焦耳热效应的导电体，所以玻璃电熔化的热效率高达80%～85%。玻璃电熔炉的炉型结构简

单，占地面积小，控制平稳且易操作，并减少了原料中某些昂贵氧化物的飞散与挥发、降低了噪声和环境污染，具有稳定熔化工艺和提高产品质量等优势。玻璃电熔炉已广泛应用于光学玻璃、硼硅酸盐玻璃、铅玻璃、氟化物玻璃以及纤维玻璃的生产，其工艺已趋成熟。**玻璃电熔炉经济性有待提高**，由于电能成本较高，玻璃电熔炉主要应用于深加工等高附加值玻璃制造，较少应用在平板玻璃等大型生产上。

玻璃电熔炉未来将重点优化电极材料和全电熔工艺，进一步提高效率和经济性。玻璃电熔炉技术预计未来在电极材料、耐火材料上取得进一步突破，提高全电熔炉电极性能、加热效率、使用寿命和经济性。预计到 2030 年前，实现平板玻璃电熔炉大规模商业应用。

2.2.2 电制冷

空调作为一种空气源热泵，用氟循环等冷媒充当媒介，迫使热量从低位热源流向到高位热源，其通过主动式出冷风的方式实现制冷。**蓄冷式空调**是利用夜间电网低谷时间，利用冷媒制成冰或冷水将冷量储存起来，白天用电高峰期将冰或冷水的相变潜热用于供冷的成套技术。目前蓄冷技术主要有水蓄冷和冰蓄冷技术，其中水蓄冷的蓄冷密度小，占地面积大，但造价低廉，目前应用比例超过 55%；冰蓄冷蓄冷密度大，节约占地，但由于要求蒸发温度较低，导致制冷能效降低。蓄冷式空调工作原理示意见图 2-17。

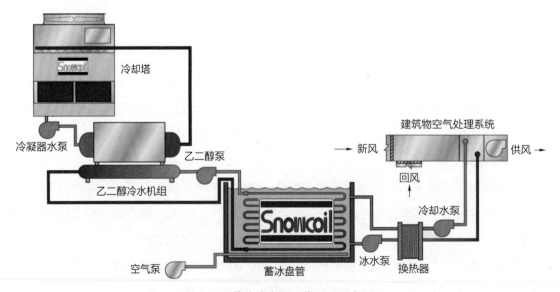

图 2-17 蓄冷式空调工作原理示意图

蓄冷技术主要有三方面优势：一是供冷能力高，较普通空调提高 30%～50%；二是蓄冷工作模式能够减少运行成本；三是无污染物排放，冷媒通常为乙二醇的水溶液。由于蓄冷设备在冬季闲置，造成了一定资源的浪费，可以对现有的蓄冷系统进行改造，采用空气源热泵与冰蓄冷系统相结合供冷供热技术，实现夏季供冷、冬季供热，提高设备利用率。

蓄冷式空调未来进一步提高冰蓄冷能效和扩大适用范围。蓄冷技术未来研发趋势包括解决目前冰蓄冷能效低，经济性差的困境。未来将重点提高冰蓄冷技术能效，研发各种新型动态制冰技术，如直接接触式动态制冰技术、过冷水制冰技术，冰浆蓄冷技术、共晶盐蓄冷技术等，满足经济性提升和适用范围扩展两方面的要求。预计到 2030 年，蓄冷式空调供冷能力较普通空调提高 50%，到 2050 年蓄冷式空调供冷能力提高 70%。

专栏 2.2　　集中冷热同供系统

北方最大冷热同供系统已运。2022 年，济南能投集团在济南商业集聚的 CBD 片区探索集中供冷模式，已经覆盖了约 21 万平方米的供冷面积。在对 CBD 片区进行能源规划，济南能投集团借鉴了南方集中供冷的先进经验和北方冬季集中供热的实际情况，确定在 CBD 片区建设两个能源中心，包括已经投用的南部能源中心和未来根据 CBD 供冷需求再投运的北部能源中心。这两个能源中心主要负责整个 CBD 片区 220 万平方米公建用户的夏季制冷任务，冬季整个区域的供暖面积大约是 700 万平方米。从片区建设的初期开始，就为下一步接入集中供冷、集中供热做好无缝对接，确保整个用户的系统能够顺利对接到市政冷热源当中。

未来随着整个济南中央商务区建设的加速推进，包括"山、河、湖、泉、城"五座超高层等更多的建筑之后会陆续投入使用，预计能源中心的供冷面积可以超过 50 万平方米。

冷热同供采用同一套管网。该项目是中国北方地区规模最大的冷热同供系统。冷热同供系统优势明显，可以最大限度地节约地下空间资源，同时可以减少每一座单体建筑夏季制冷机组的规模。

　　冬季集中供热时，采用章丘电厂余热通过长输管网将热水输送到 CBD 片区，再通过热力交换站，进入到每一个用户的末端系统例如暖气片、地暖等。夏季使用同一套输配管网，只是把冷源切换到南部能源中心，同样利用 CBD 区域内在冬季供热的这套管网，把冷冻水输送到位于地块内的换冷站，实际上和换热站在同一个位置。这样通过冷交换，把冷源输送到每一个公建用户的末端装置上。

　　集中供冷优点主要体现在两方面，一方面可以减少用户自己维护供冷系统的运行成本。另一方面通过市政的集中冷源，把供热多重保障思维灌输到供冷中去，在分布地点建立了小型的应急冷源，在集中冷源或冷热同供管网出现故障时，可以启动应急冷源来给用户提供供冷保障，这样提高了用户系统运行的可靠性。

　　进一步升级为蓄冷供冷系统。目前，济南能投集团正在南部能源中心进行蓄冷系统的升级，建成之后可以利用夜间低谷电制造低温冷源，进一步降低运行成本，也符合错峰用电、削峰填谷的发展策略。远期投运的北部能源中心，将进一步确保冷源充足供应和应急状态下的稳定运行。

2.3　电　照　明

电照明是一种利用电能转化为光能的照明方式，通过电气设备和灯具实现照明效果。它具有高效、可调节性和长寿命等优点，被广泛应用于家居、商业、工业和公共场所等领域。常见的电气照明种类包括卤素灯、荧光灯和 LED 灯等。

卤素灯是在白炽灯内添加部分卤族元素或卤化物，利用卤钨循环原理消除钨灯丝升华带来的灯泡发黑问题，同时避免钨丝过早断裂而提高寿命，可以获得更高的亮度、色温和发光效率。卤素灯主要用于需要集中照射的场合，如数控机床、轧机、车床、车削中心和金属加工机械，汽车前灯、后灯，以及家庭、办公室、写字楼等公共场所。

荧光灯是利用低压汞蒸气放电生成紫外线激发灯管内壁的荧光粉而发光的电光源。1938 年光效为 50 流明/瓦、直径为 38 毫米的荧光灯被研发，主要采用卤磷酸钙（卤粉）。卤粉价格便宜，但发光效率不够高，热稳定性差，光衰较大，光通维持率低。1974 年，荷兰飞利浦成功研制发光效率更高、色温范围广、显示指数高达 85 的三基色荧光粉（稀土元素三基色荧光粉），开启新一代细管径紧凑型高效节能荧光灯历史，它具有高效节能、寿命长和较好的色彩还原性能等特点，使荧光灯在工业、商业、家庭照明中广泛应用。荧光灯结构示意见图 2 – 18。

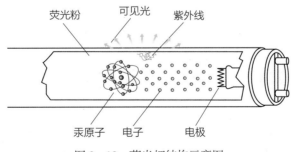

图 2 – 18　荧光灯结构示意图

LED 灯是种能够将电能直接转化为可见光的固态半导体器件，被认为是继爱迪生发明白炽灯以来新一轮光革命的开端。它具有能耗低、寿命长、环保、可灵活配置和灵活控制等优点，可用于室内基础照明、展示照明、装饰照明、室外景观照明、建筑物外观照明、标志与指示照明、舞台照明及视频屏幕信息显示等各类场合。随着 LED 技术进一步发展和成本下降，LED 将全面替代现有常用照明灯具。LED 灯结构示意见图 2-19。

电照明重点提高光效和显色性能，向绿色、节能光源产品的开发、推广和应用发展。绿色节能是中国照明行业结构调整的重点，未来的技术追求高节能、高照度、高安全、高透光、高寿命、高便捷、高静音等目标。电照明光源性能及发展趋势见表 2-10。

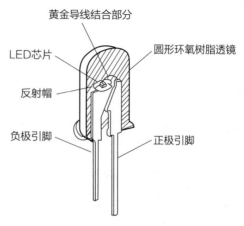

图 2-19　LED 灯结构示意图

表 2-10　　　　　　　　　电照明光源性能及发展趋势

光源	目标光效	色温	显色性能	成本	发展趋势
卤素灯	40 流明/瓦	3000K	很好	低	技术已成熟、照明市场萎缩、特种市场维持
荧光灯	130 流明/瓦	3000~7000K	好	较低	开发高功率荧光灯，进一步提升适应寿命，扩展应用场合
LED灯	300 流明/瓦	3000~8000K	好	高	进一步提升光效，降低成本，向室内外及道路照明应用扩展

2.4　数字基础设施用电

信息技术自第三次科技革命以来影响着人们生活的方方面面，数字基础设施主要包括数据中心和通信基站。

1. 数据中心

数据中心用来在网络基础设施上传递、加速、展示、计算、存储数据信息。数据中心拥有一整套复杂的设施，不仅包括计算机系统和其他与之配套的设备，还包含冗余的数据通信连接、环境控制设备、监控设备及各种安全装置。通常，数据中心由多台服务器组成，多个数据中心通过网络连接形成数据中心网络，其基础架构如图 2-20 所示。

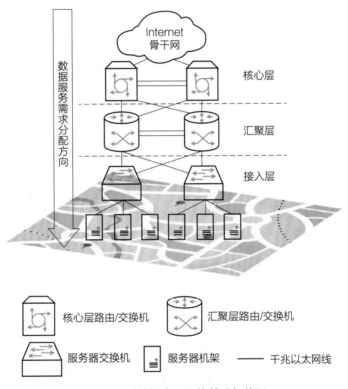

图 2-20 数据中心网络基础架构图

　　数据中心实体的内部一般由电力设备、制冷设备、信息设备组成，具体设备如表 2-11 所示。数据中心电能利用效率（power usage effectiveness，PUE）是衡量数据中心能源效率的重要评价指标，PUE 即总能耗与信息设备能耗的比值（PUE＝数据中心总能耗/信息设备能耗），PUE 接近 1.0 是一种比较理想的运行状态，目前中国数据中心的平均 PUE 为 1.5。

表 2-11   数据中心硬件设备组成

设备类型	设备名称
电力设备	电源转换装置、不间断电源、本地备用电源、本地电储能
制冷设备	机房空调系统、冷热水/气泵、冷循环设备、储冷储热罐
信息设备	服务器、存储器、通信设备

数据中心发展重点方向为提高芯片处理能力，降低能耗。未来伴随各行业加速从业务数字化迈向业务智能化，大模型和生成式人工智能的快速发展，人工智能将更好地理解和预测用户需求，提供更为个性化、高效和智能的服务，预计数据中心发展规模持续扩增，用电量大幅增长，提高芯片处理能力将成为重点攻关方向。同时，随着数据中心能耗增长，散热问题也变得越来越突出，推广液冷等制冷方式，充分利用新能源绿电、微电网、余热供能等绿色用能形式，推动建设绿色数据中心，将成为主要发展趋势。预计未来，芯片运算处理能力不断提高，电能利用效率持续提升，网络架构和供配电系统持续优化升级，到 2030、2050 年，数据中心电能利用效率（PUE）分别为 1.3 和 1.2。数据中心电能利用效率（PUE）预测见图 2-21。

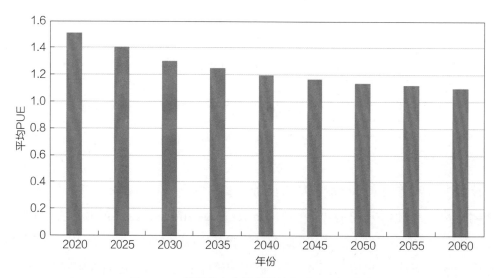

图 2-21 数据中心电能利用效率（PUE）预测

专栏 2.3　　大模型 AI 耗电量

　　环球时报援引《纽约客》杂志报道，OpenAI 的 ChatGPT 聊天机器人每天消耗超过 50 万千瓦时的电力，共需要 3617 台英伟达的 HGX A100 服务器，总共 28936 个图形处理单元（GPU）来处理约 2 亿个用户请求，相当于美国家庭每天用电量的 1.7 万多倍。

　　发表在《焦耳》杂志上的一项研究表明，像 ChatGPT 这样的大型语言模型需要大量的数据集来训练人工智能，在人工智能模型经过训练阶段后，会过渡到推理阶段，然后根据新的输入生成信息，推理阶段消耗的能源似乎更多。

　　还有研究表明，如果将生成式人工智能集成到谷歌的每一个搜索中，那么届时谷歌就会大幅增加对电力的需求。另一家研究机构 New Street Research 也得出了类似的估计，认为谷歌将需要大约 40 万台服务器，这将导致每天消耗 0.6 亿千瓦时，每年消耗 228 亿千瓦时的电能。

　　全球数据中心市场的耗电量已经从十年前的 0.1 亿千瓦时增加到如今的 1 亿千瓦时。根据美国机构 Uptime Institute 的预测，到 2025 年，人工智能业务在全球数据中心用电量中的占比将从 2% 增加到 10% 随着生成式人工智能的广泛应用。预计到 2027 年，整个人工智能行业每年将消耗 850 亿～1340 亿千瓦时的电力，人工智能设备的用电量将与荷兰一样多，这也与瑞典、阿根廷等国的用电量处于同一范围。这显示了 AI 技术对电力资源的巨大需求。

2. 通信基站

　　通信基站是指在一定的无线电覆盖区内，通过移动通信交换中心，与移动电话终端进行信息传递的无线电收发信电台。基站的主要功能是提供无线覆盖，即实现有线通信网络与无线终端之间的无线信号传输。通信基站是移动通信网络中最关键的基础设施，主要包括机房、电线、铁塔梳杆等结构部件。基站在通信网络中的位置示意见图 2-22。

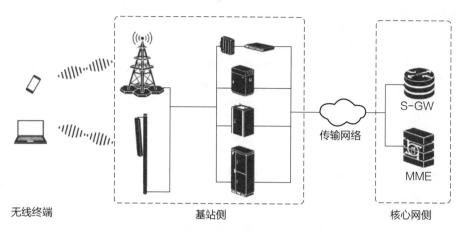

图 2-22 基站在通信网络中的位置示意图

5G 通信基站是最先进的通信技术。 5G 通信基站主要用于提供 5G 空口协议，支持与 UE、核心网之间的通信。5G 通信基站单站主设备功耗是 4G 单站的 2.5～3.5 倍，带宽约是 4G 基站的 50～100 倍，单个基站空载－满载情况下，主设备功耗为 2.2～3.9 千瓦，其无线覆盖性能、传输时延、系统安全和用户体验也将得到显著的提高。5G 移动通信将与其他无线移动通信技术密切结合，构成新一代无所不在的移动信息网络，满足 2020 年后 10 年内移动互联网流量增加 1000 倍的发展需求。5G 基站设备结构示意见图 2-23。

通信基站未来的主要研发方向是提高 5G 通信业务支撑能力和新一代 6G 通信技术。 5G 通信技术在无线传输技术方面，将引入能进一步挖掘频谱效率、提升潜力的技术，如先进的多址接入技术、多天线技术、编码调制技术等。在无线网络方面，将采用更灵活、更智能的网络架构和组网技术，如采用控制与转发分离的软件定义无线网络的架构、统一的自组织网络（SON）、异构超密集部署等，进一步提升通信业务能力。6G 技术尚处于技术研发和标准研究阶段，中国、美国、日本、欧盟国家等均已开展相关研究工作。未来，预计 2030 年，6G 技术将实现商业应用，6G 数据传输速率可能达到 5G 的 50 倍，时延缩短到 5G 的 1/10，在峰值速率、时延、流量密度、连接数密度、移动性、频谱效率、定位能力等方面远优于 5G。预计到 2050 年，可将卫星通信整合到 6G 移动通信，实现全球无缝覆盖。

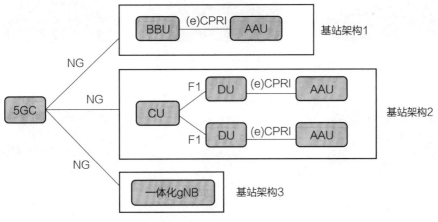

图 2-23　5G 基站设备结构示意图

2.5 电 冶 金

电解铝技术已基本成熟。电解铝技术主要将冰晶石与氧化铝进行融合形成多相电解质体系，以碳素为阳极，在 950~970℃下进行通电，阴极产出铝液，铝液通过真空抬包从槽内抽出，送往铸造车间，在保温炉内经净化澄清后，浇铸成铝锭或直接加工成线坯型材等，或再度精炼。阳极产物主要是二氧化碳和一氧化碳气体，其中含有一定量的氟化氢等有害气体和固体粉尘，需对阳极气体进行净化处理，除去有害气体和粉尘后排入大气。电解铝生产工艺流程示意见图 2-24。

电解铝技术未来重点优化大型化预焙铝电解槽。中国于 2014 年正式投运 600 千安级的特大型预焙铝电解槽，但目前工业应用的时间短，以前在大型预焙槽相关经验也有很大局限性，焙烧启动过程中电流分布不均、能耗大、电解槽的物理场易波动，热平衡的维持较困难等问题需要进一步优化。未来，大型化预焙阳极铝电解槽技术逐渐完善，预计到 2030 年，电解铝整体能源综合利用效率将提高 5%~10%，吨铝电耗降低 300 千瓦时。到 2050 年，电解铝整体能源综合利用效率将提高 10%~15%，吨铝电耗降低 800千瓦时，电解铝用阳极生产过程能耗降低 3 吉焦/吨左右。

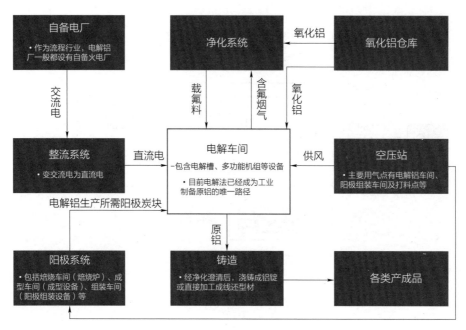

图 2-24 电解铝生产工艺流程示意图

2.6 氢 冶 金

氢冶金技术在理论和实践中都处于起步阶段,其工艺技术主要分为高炉富氢冶炼、氢基直接还原、氢基熔融还原 3 种路线。**高炉富氢技术**是将含氢介质注入高炉中,从而减少煤与焦炭的使用。该工艺基于传统的高炉,焦炭的作用无法被完全替代,氢气喷吹量存在极限值,一般认为高炉富氢还原的碳减排率为 10%~20%,目前已在多个项目或工厂中初步应用。**氢基直接还原技术**是以全氢还原气为能源和还原剂,在温度还未达到铁矿石软化温度时,将铁矿石直接还原成固态海绵铁,该技术已经实现原理验证和示范。**氢基熔融还原技术**是以富氢或纯氢气体作为还原剂,在高温熔融状态下进行铁氧化物还原、渣铁分离,生产铁水,目前中国建龙集团氢基熔融还原法 CISP 工艺已经投产运行。

氢冶金技术发展将仍以上述三个技术路线为基础,逐步完善理论基础,工艺技术水平更加适应富氢与纯氢冶炼要求。一是随着炉内反应机理和炉料特性变化理论日趋完善，反应器结构设计以及工艺控制技术更加适应氢冶金特性；二是高炉喷吹氢气、气体大规模喷吹、核心喷枪以及长寿命核心耐材等技术装备加快发展，高炉氢气含量与各类氢冶金装备产能进一步提升；三是高温环境下的氢安全如防爆、防漏技术日趋完善，新型耐高温材料推广应用。预计 2040 年前，高炉富氢技术逐步推广，氢基直接还原技术与氢基熔融还原技术仍以示范工程为主；2050 年，以纯氢为还原剂的炼钢技术将实现规模化大发展。

2.7　电　化　工

2.7.1　电制氢

　　根据电解槽结构和工艺的不同，电制氢工艺可分为碱性电解池（AEC）、质子交换膜电解池（PEMEC 或 PEM）、固体氧化物电解池（SOEC）。AEC 技术通常由电源、电解槽箱体、电解液、阳极、阴极和横隔膜组成，其电解液一般为碱性溶液（如 KOH 溶液、NaOH 溶液），技术最为成熟，商用规模最大，其成本低、寿命长，但电解效率仅70%左右。PEM 技术电解槽主要由两个电极和质子交换膜组成，电极紧贴在交换膜表面组成一体化结构，利用聚合物薄膜实现导电离子与气体分离，生成氢气和氧气，电解效率为 80%。SOEC 技术由水蒸气代替水作为电解介质，阴极材料可采用 Ni/YSZ 多孔金属陶瓷，阳极材料主要是钙钛矿氧化物材料，中间电解质采用 YSZ 氧离子导体，通电电解制氢，电解效率为 90%。固体氧化物电解槽结构示意见图 2-25。

　　未来相当时间内，AEC 技术仍将占据主流，但效率 80% 的 PEM 技术和效率 90% 的 SOEC 技术是电解水技术的重要发展方向。PEM 技术中催化剂将快速更迭，非贵金属催化剂和新型化学组分及电子结构催化剂技术，以及提升活性位点数量技术等有望实现突破；高性能低成本质子交换膜技术逐步成熟，满足低成本、高电导率、高强度、高稳定性需求；大面积膜电极涂布及成型工艺、一体化膜电极制备等技术成熟将显著延长设备

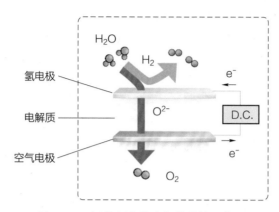

图 2-25   固体氧化物电解槽结构示意图

使用寿命。**SOEC 技术中**新型电极材料技术更迭将逐步提升电极耐高温性和稳定性，大大延长催化电极寿命；电极/电解质界面进一步优化，新构型和新组堆工艺将实现大电流密度下 SOEC 的长期稳定运行、提升快速响应性能及动态工况下的鲁棒性；高效热交换器和优化系统热管理技术逐步完善，废热利用率与能量转化效率显著提升。**预计到 2030年，PEM 技术将实现商业化应用；到 2040 年前**，SOEC 技术将成为电制氢主流生产技术，在电制氢行业大范围推广。

2.7.2   电制合成氨

电制合成氨技术是一种以水和氮气为原料、用电能制备合成氨的技术，制备过程不使用化石能源。该技术有电解水制氢－合成氨耦合技术和电催化氮气直接合成氨技术两种路线。**电解水制氢－合成氨耦合技术**是指利用电解水制绿氢、空分制氮，再经哈伯法合成氨和尿素的方法。此技术成熟度较高，在未来有望取代传统合成氨技术。**电催化氮气直接转化合成氨技术**利用电能驱动氮气加水直接合成氨，以及利用氮气、CO_2加水直接合成尿素，该技术目前仍处于实验室研发阶段。电制合成氨生产工艺路径见图 2-26。

电解水制氢－合成氨耦合技术较为成熟，未来技术发展趋势主要表现在电解水和哈伯反应器两套系统集成与配合的进一步优化；**电催化氮气直接转化合成氨技术**需要研发新的催化剂和电解液，且电解槽设计水平还需要进一步完善，提升制氨效率。预计 2030

年，电解水制氢－合成氨耦合技术有望实现商业化推广；2040 年前，电催化氮气直接转化合成氨技术将实现广泛商业应用。

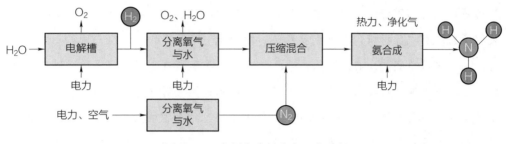

图 2-26　电制合成氨生产工艺路径

2.7.3　电制甲醇

电制甲醇主流的技术路线主要为电解水制氢后催化合成技术、电解水和二氧化碳制合成气后催化合成技术、水和二氧化碳直接电催化合成技术三种。**电解水制氢后催化合成技术**是目前最简单、最成熟的工艺，该技术先通过电解水制备氢，然后在催化剂作用下实现氢气与二氧化碳合成甲醇。目前许多企业已经掌握该技术。**电解水和二氧化碳制合成气后催化合成技术**通过 H_2O/CO_2 共电解过程，生成比例可控的 CO/H_2 合成气，后续利用耦联合成化工工艺将合成气转化为甲醇，该工艺转化效率更高，但技术尚不成熟，设备容量仅达到千瓦级。**水和二氧化碳直接电催化合成技术**可跳过电解水环节，通过电化学工艺将二氧化碳和水直接转化为甲醇，目前还处于实验室研发阶段。

针对电制甲醇的三种技术路线，未来将开发更加高效、稳定、高选择性的二氧化碳甲醇化反应催化剂，同时甲醇化辅机设备、多次循环利用燃气技术及反应余热回收利用技术将进一步完善，逐步提升各技术路线总体转化率及能效。预计 2030 年后，电解水制氢后催化合成技术有望由示范项目转为实现商业化推广；2040 年前，电解水和二氧化碳制合成气后催化合成技术、水和二氧化碳直接电催化合成技术将实现广泛商业应用。

专栏 2.4   电制甲醇与电制合成氨技术特点

甲醇是优质的能源，也是化工的重要原料，电制甲醇是制备其他燃料和原材料的基础。借助甲醇化工产业链可实现一系列原料的制备，摆脱先天资源的限制，获取所需的有机原材料，具有重要意义。中国是全球最大的甲醇生产国，以煤制甲醇为主要技术路线。目前，较成熟的电制甲醇技术路线为电解水制氢后通过二氧化碳加氢合成甲醇，中国已建有示范项目。二氧化碳加氢制甲醇工艺尚存在单程转化率低、催化剂易失活、能量转化效率不高等缺陷，电制甲醇成本在 6～8 元/千克，高于煤、天然气制甲醇的成本（1.6～2.3 元/千克）。此外，二氧化碳直接电还原制甲醇也是电制甲醇的一条可行路径。与甲烷类似，这项技术目前也存在选择性差、产物复杂分离成本高、反应速率偏慢等缺陷，尚处于实验室研究阶段。

氨是氢气在工业领域规模最大的下游化工产品（耗氢量近半），也是化学工业中产量最大的产品。中国有超过 70% 的氨用于生产氮肥（称作化肥氨）；其余约 30% 的氨称作工业氨，用于合成各类含氮化合物如硝酸、丙烯腈、己内酰胺、炸药、磺胺类药物等。工业上主要通过哈伯法以氮气和氢气为原料合成氨，合成工艺与制氢原料有关，国内合成氨工艺以煤制合成氨为主。以电解水制氢代替煤、天然气制氢合成氨，是电制氨最为成熟和现实可行的技术路径，日本、德国已建成可再生能源发电制氨示范项目。当前，电制氨的能量转化效率在 40%～44%。以中国光伏项目最低中标电价计算，电制氨的成本可降至 3.8～4 元/千克，已接近氨的市场价格（近 3 元/千克）。除传统的哈伯法外，通过氮气的直接电还原合成氨也是近年来的研究热点。

2.8 电 烘 干

电烘干技术指利用电能替代木柴、散煤等产生热量，将农产品水分降低到一定程度，延长保质期，获得干制农产品的过程。电烘干技术控制精准、成品率高、附加值高，在电制茶、电烤烟、海鲜烘干等多行业已具备较强竞争性。在经济性方面，电烘干设备初始投资较高，部分可享受政府购置补贴，可利用农业优惠电价或峰谷电价政策降低运行费用。电烘干常见技术包括远红外干燥技术、空气源热泵干燥技术以及微波干燥技术。电烘干技术分类见表 2-12。

表 2-12　　　　　　　　　电 烘 干 技 术 分 类

技术类型	技术细分	适用范围	设备类型
电烘干技术	远红外干燥技术	食品干燥	远红外干燥机
	空气源热泵干燥技术	粮食烘干	热泵烘干机
		木材烘干	木材热泵烤房
		烟叶烘烤	热泵烤烟房
	微波干燥技术	粮食、果蔬、食用菌干燥	微波干燥机

远红外干燥是一种特殊的电离辐射，利用远红外光线作为能源和驱动力，以辐射形式直接作用于物料，引起内部分子加剧运动、振动能级产生变化，从而使物料内部升温。随着水分不断蒸发吸热，外部温度降低，物料内部含水率大于表面，形成内高外低的温度梯度和湿度梯度，热量和湿度由内向外传递实现加热干燥。远红外光线波长范围为 25～1000 微米，发射温度一般在 60～100℃，红外线光子能量低，热量分布均匀，热效率高，在加热过程中生物组织热分解小，物料化学性质不易改变。加热过程中传热、传质方向一致，可使物料受热均匀，避免局部过热，使用过程无污染物无腐蚀性。当前，红外干燥技术已在果蔬干制品领域中得到应用，但存在穿透深度有限、不适应多层干燥等问题，未来发展方向与其他加热方式结合，研发热泵-远红外干燥、微波-远红外干燥等联合干燥方式。

空气源热泵干燥技术基于逆卡诺循环原理，利用电能驱动热泵，借助流动工质在系统中的蒸发器、冷凝器等部件中的气液两相的热力循环过程实现物料干燥。低温空气进入热泵系统，压缩机对冷媒加压形成高温高压气体，在冷凝器中液化释放热量加热工作间空气。工作间内物料通过热风循环使物料中的水分蒸发，蒸发出来的水蒸气由排湿系统排走或除湿系统冷凝排出而达到烘干目的。冷凝放热后的冷媒经过膨胀阀变为低温低压的液体，液态冷媒进入蒸发器吸收周边空气的低位热能，迅速蒸发成气态，回流到压缩机内，进入下一个循环。该技术已在烟草及食用菌等烘烤领域获得大规模生产应用，未来发展方向为与远红外、微波等多种干燥方式联合使用，在干燥初期使用热泵，发挥其低温干燥优势特点，中后期使用其他方式以缩短干燥时间。空气源热泵烘干系统工作原理见图2-27。

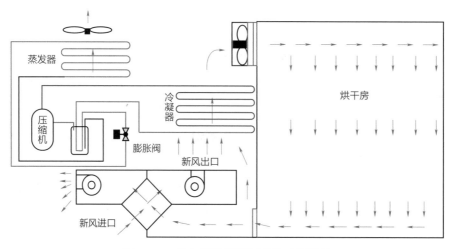

图2-27   空气源热泵烘干系统工作原理

微波干燥技术是利用微波的反射、射透等电磁波作用，农作物内部偶极子产生高速反转、位移或振荡，促使正、负电子分别向负、正极运动，在此过程中微波能转化成机械能释放大量热量，给予偶极子势能，保证分子间运动产生"摩擦"状态，最终介质内部升温、物体含水率下降，其原理示意如图2-28所示。与传统干燥方式相比，微波干燥的温度梯度和热量变化直接在物料内部进行，内部水分蒸发由内向外进行，能量利用优势显著，干燥效率高，同时由于温度变化梯度小，防止裂纹产生，能够最大程度地保持其原有的形态、色泽和营养。但微波加热容易存在物料细胞收缩变形，导致表面硬化、体积缩小等现象，同时由于微波场强度变换分布和物料热特性随温度水分变化，存在热量分布不均、干燥均匀性差、能量利用率低等问题。未来研发重点为优化微波工艺参数，提高电场分布均匀性，以及与其他热源辅助装置联合，如微波-冷冻、微波-红外、微波-真空等联合干燥技术。

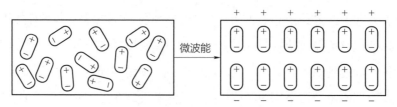

图2-28   微波干燥原理示意图

电烘干是农业机械电动化的重点技术，处于发展初期，未来随着经济性提高将持续扩大市场规模。预计到 2030 年，电烘干综合使用成本能够与使用散煤、燃油等传统方式持平，农机电动化率为 20%。到 2050 年，电烘干全面推广应用，农机电动化率为 50%，其中小型农机（20 千瓦及以下）全面电动化，中大型及需要在大范围工作的农机使用氢燃料电池等清洁燃料替代燃油驱动。

2.9　小　结

新型电气化技术是实现消费侧电能替代、促进能源系统清洁转型的关键。经过百余年的发展，电气化技术已经取得长足进步，当前新型电气化已基本成熟，其中一部分具备经济竞争力，少量技术在政策支持下也正在加速发展进步。新型电气化关键技术见图 2-29。

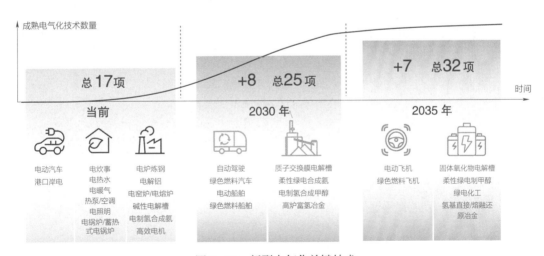

图 2-29　新型电气化关键技术

电照明、电炊具、电锅炉、电热水器、热泵与电动汽车等 17 项技术已经成熟，具备经济优势，在各领域已实现大规模广泛应用。未来这些已成熟技术向更加节能化、高效化、智能化、可控化发展，进一步提升能效、降低能耗，提升使用寿命，提高智能化水平，通过规模效应等方式进一步提升经济性，实现产业化规模发展。

电制氢、氢冶金、电动船舶、电动飞机等 15 项技术当前基本具备可行性，未来发展模式和产业形态明确，预计将于 2035 年左右具备经济优势，实现商业化应用。这些技术未来发展重点是加大研发投入，加快突破关键技术瓶颈，提升技术安全性和稳定性，并在新能源发电成本不断下降与清洁用能等政策支持下逐步提升技术经济性，不断拓展应用场景。

3

潜力与路径

电是未来清洁能源系统的核心，新型电气化推动在工业、建筑、交通等部门持续扩大电能使用规模和范围，以电制氢、生物燃料及其他合成燃料等，在难以直接电气化的终端用能领域替代化石能源。形成以电能利用为基础，基于电动汽车、智能家居、全电厨房、热泵供暖、绿色化工等现代化用能方式的新的生产生活方式，实现终端用能领域以电代煤、以电代油，提升综合电气化率，形成清洁主导、电为中心的能源供应和消费体系。当前，我国全社会各领域电气化进程全面推进，2023 年全社会用电量达到 9.2 万亿千瓦时，同比增长 6.7%，电气化率超过 28%。但居民采暖、交通，以及钢铁、化工、建材、化工等高耗能产业电气化程度仍较低，电气化发展潜力巨大。

3.1 电气化潜力评估模型

新型电气化的发展，涉及经济社会、能源电力、气候环境、政策机制、技术创新等各方面，需要运用科学理论方法和系统评估模型进行预测分析。为全面深入研究新型电气化潜力，本书提出并构建了一套综合性、系统性的能源情景预测模型。模型通过"自上而下"与"自下而上"相结合的思路，采用"模拟"和"优化"相结合的方法，统筹考虑经济发展、人口增长、资源禀赋、产业发展等宏观发展趋势，结合各领域用能需求、技术发展、产业结构等因素，以能源、电力供需平衡为约束条件，以全社会碳中和、用能成本最低等为目标，建立了多种影响因素、多重变量分析、多情景模拟的中国能源情景分析预测模型。以模型为基础，全面评估交通、工业、居民与商业各领域电气化发展潜力与路径，并最终形成全社会能源转型发展路径。

本研究重点在终端各用能领域电气化潜力方面进行细化、创新，对电气化技术进行科学研判、建模分析、量化计算，充分考虑政策导向、技术经济性、用能习惯等因素对电气化发展进程的影响，采用贡珀茨曲线、回归分析法、技术专利分析法、莱特随机学习曲线法等方法，建立具有高度灵活性和可扩展性的新型电气化潜力评估工具包，对各领域、各行业新型电气化潜力的全面评估预测。新型电气化潜力评估模型示意见图 3–1。

3.1.1 需求总量预测

1. 贡珀茨曲线

贡珀茨（Gompertz）曲线是典型 S 曲线之一，通常用于描述一定时期内人口增长、工业产品（钢铁、汽车）消费、生物生长等"缓–急–缓"的过程，初期增长缓慢，以后逐渐加快，当达到一定程度后，增长率又逐渐下降，最后趋近于饱和。贡珀茨曲线和增长率曲线如图 3–2 所示。

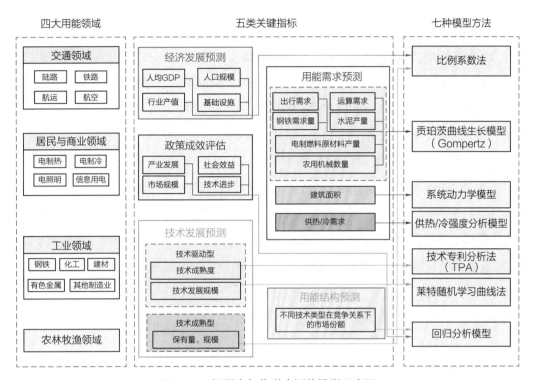

图 3-1 新型电气化潜力评估模型示意图

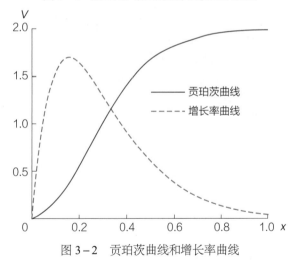

图 3-2 贡珀茨曲线和增长率曲线

贡珀茨模型表达式为

$$V = K \cdot a^{bx}$$

描述物理量 V 随着变量 x 变化的生长趋势，其中 K 是物理量 V 的饱和值，a、b 是拟合参数，通过 V 与 x 的历史数据进行拟合得出。

2. 案例

发达国家的汽车历史数据表明，汽车保有量与人均 GDP 的关系近似贡珀茨曲线的形状。以占据汽车保有量 90%以上的乘用车为例，乘用车保有量与人均 GDP 可以用贡珀茨曲线模拟，其中，V 是千人乘用车保有量，单位是辆；K 是千人乘用车保有量的饱和值，单位是辆；a、b 是拟合参数；x 是人均 GDP，单位是万元。

给定参数 K，根据第 i 年的千人乘用车保有量 V_i、人均 GDP x_i。统计 2012—2022 年中国千人乘用车保有量、人均 GDP 等数据，利用贡珀茨模型进行拟合，基于未来中国 GDP 和人口预测等数据，依照贡珀茨模型对未来汽车保有量进行预测，结果如图 3–3 所示。中国千人乘用车保有量饱和值 K 为 300~500 辆时，考虑商用车后，到 2030 年，中国汽车保有量为 2.6 亿~4.1 亿辆；到 2050 年，汽车保有量为 4.2 亿~6.8 亿辆。

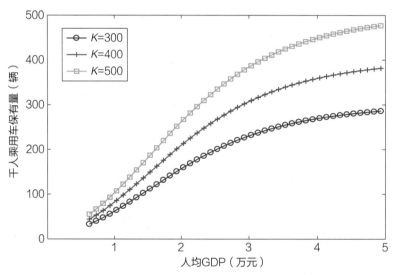

图 3–3   中国千人乘用车保有量与人均 GDP 拟合关系

3.1.2   用能结构预测

1. 回归分析模型

回归分析是一种预测建模技术的方法，被用于预测、时间序列模型和寻找变量之间因果关系，可揭示多个自变量对一个因变量的影响程度大小。其中，滑动回归分析模型可用于研究特定产量下不同技术路径的市场份额比例：在公平竞争的市场中，某项技术的成本越低，其市场规模增长越快、占领的市场份额就越高。滑动回归模型基础表达式：

$$r_{j,n} = \frac{r_{j,n-1}P_{j,n}^{-\alpha_j}}{\sum_j r_{j,n-1}P_{j,n}^{-\alpha_j}}$$

式中：α_j 是拟合的指数，$0 < \alpha_j < 1$；$P(j,n)$ 是输入变量，描述第 j 种技术在第 n 年的比重 $r(j,n)$，与该技术的前一年的用能比重 $r(j,n-1)$ 和该技术第 n 年的成本 $P(j,n)$ 关系。

2. 案例

建筑部门的电气化水平较高，电气化发展潜力较大的主要是采暖领域，电锅炉、热泵等电采暖技术替代传统燃煤锅炉、燃气锅炉等具有较大潜力。中国采暖技术市场份额可采用归回模型计算，其中，第 j 种采暖技术第 n 年的采暖用能占全部采暖用能的比重为 $r_{j,n}$，该技术的前一年 $n-1$ 年的用能比重为 $r_{j,n-1}$，该技术第 n 年的采暖成本为 $P_{j,n}$，单位是元/（平方米·年），$P_{j,n}$ 越小，r 越大，α_j 是第 j 种采暖技术的渗透指数。

以北方某地区的采暖领域 5 种常用技术（燃煤锅炉、燃气锅炉、电锅炉、热泵、分散式电采暖）为例，统计分析各技术的用能比重、技术成本等历史数据，采用滑动回归的方法，预测未来 5 种采暖技术的成本变化如图 3-4 所示，采用上述滑动回归模型，可滚动得到各年份各采暖技术的用能比重见图 3-5。预计到 2030、2050 年，电能将分别

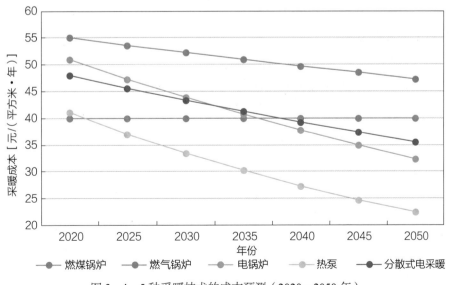

图 3-4　5 种采暖技术的成本预测（2020—2050 年）

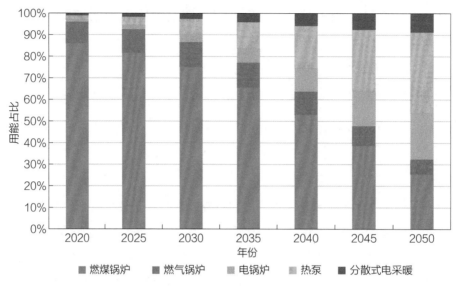

图 3-5　采暖领域 5 种采暖技术用能占比预测

满足采暖用能需求的 13.3%、68.0%，其中热泵满足采暖需求的 7.0%、37.3%，电锅炉分别满足采暖需求的 3.7%、21.7%，分散式电暖气分别满足采暖需求的 2.7%、8.9%。

3.1.3　技术成熟度评估

1. 技术专利分析法

根据苏联教育学家阿特舒勒（Altshuller）理论，在整个技术生命周期内，技术成长分为萌芽期、成长期、成熟期和衰退期，技术成长规律呈现 S 曲线形状，如图 3-6 所示。

常用的 S 曲线之一为 logistic 模型，是一种广义线性回归模型。利用 logistic 模型研究电动汽车技术成熟度的表达式为：

$$Y(t) = \frac{L}{1 + e^{kt+\tau}}$$

式中：Y 是第 t 年的技术成熟度，取 0～1；L 是技术成熟度的理论上限；k、τ 是根据历史数据拟合得到的参数。

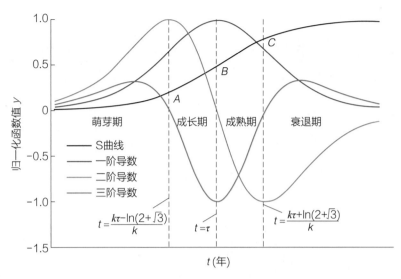

图 3-6　技术成长的 S 曲线

2. 案例

统计电动汽车 2001—2022 年的专利数量，如图 3-7 所示。对专利数量进行归一化处理，并根据历史数据进行 S 曲线拟合，拟合结果如图 3-8 所示。到 2025 年，电动

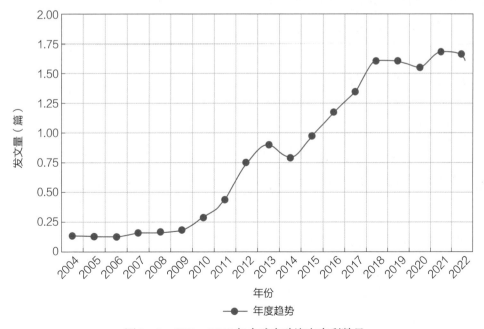

图 3-7　2001—2022 年全球电动汽车专利数量

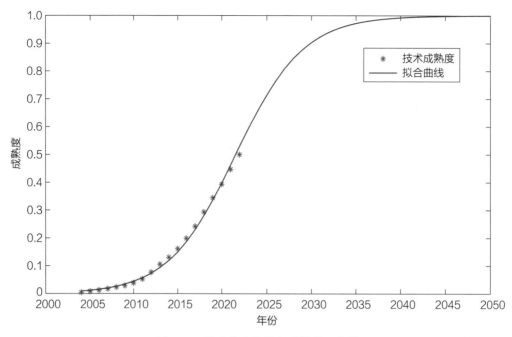

图3−8   拟合的电动汽车成熟度 S 曲线

汽车技术成熟度指标为 0.8，步入技术成熟期；到 2030 年，电动汽车技术成熟度指标为 0.9，技术进步接近饱和，进步速度开始放缓；到 2040 年左右，电动汽车技术接近完全成熟，可实现大规模广泛应用。

3.1.4   技术经济性评估

1. 莱特随机学习曲线法

莱特学习曲线是反映技术进步规律的模型，主要研究产品的累计产量与单位生产成本之间的关系。莱特学习曲线被广泛应用于工业等行业中，其表达式如下：

$$C_t = C_0 \cdot Q_t^{-\alpha}$$

式中：C_t 是第 t 年生产单位产品的成本；C_0 是初始生产 1 单位产品的成本；Q_t 是截止到第 t 年某产品的累计产量；α 是学习指数，与学习而取得的进步率有关，描述了产业规模扩大对成本下降的影响程度，当累积产量翻倍时，单位成本下降固定百分比。

受技术进步的随机性的影响，传统的莱特学习曲线的学习率为确定值。为更准确反

映产业规模扩大对成本下降的随机影响，将学习曲线公式取对数并中加入随机变量 $n(t)$，形成随机学习曲线，即

$$\log C_t = -\alpha \cdot \log Q_t + \log C_0 + n(t)$$

进行一阶差分形成：

$$\log C_t - \log C_{t-1} = \alpha \cdot (\log Q_t - \log Q_{t-1}) + \eta(t)$$

式中：η 是标准差为 σ_η 的正态分布变量，代表了第 t 年下学习指数的相对概率分布情况。令 $Y_t = \log C_t$，$X_t = \log Q_t$，利用最小二乘法，可估算得到学习指数 α、学习指数的标准误差 σ_η 如下：

$$\hat{\alpha} = \frac{\sum_{i=2}^{m+1} X_i Y_i}{\sum_{i=2}^{m+1} X_i^2}$$

$$\hat{\sigma}_\eta^2 = \frac{1}{m-1} \sum_{i=2}^{m+1} (Y_i - \hat{\alpha} X_i)^2$$

2. 案例

结合历年电动汽车累积销量和动力电池价格，利用莱特学习曲线方法，拟合电动汽车销售规模与动力电池价格之间关系，学习指数 α 为 0.274，拟合曲线的相关性高达 0.94，可信度较高，如图 3-9 所示。

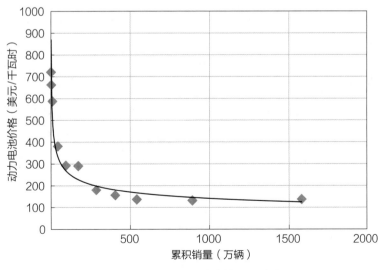

图 3-9　电动汽车确定性学习曲线

基于历史拟合得到的学习指数 α、学习指数的标准误差 σ_η 和预测的未来第 t 年动力电池价格 C_t，可得到未来第 t 年的电动汽车累计销售规模 Q_t，在一定的置信概率如 95% 情况下，学习指数变化范围为 $[\alpha-1.96\sigma_\eta, \alpha+1.96\sigma_\eta]$，可计算对应的电动汽车累计销售规模 Q_t 范围。考虑随机性的电动汽车学习曲线见图 3-10。

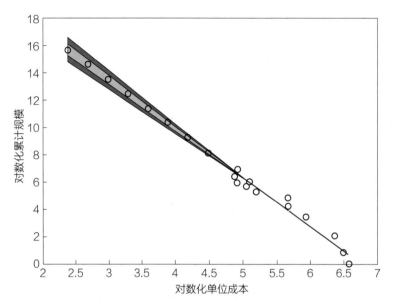

图 3-10　考虑随机性的电动汽车学习曲线

3.1.5　政策与成效量化评估

1. 多元回归分析模型

政策效果评估是评估政策投入和政策产出之间的数量关系，最常用的数学方法是回归分析。多元回归分析模型多用于分析政策投入时间序列与政策效果时间序列之间的关联关系及影响程度，根据模型输出结果对政策实施效果进行评估，如图 3-11 所示。

$$\begin{bmatrix} y_1 \\ y_2 \\ y_3 \\ y_4 \end{bmatrix} = f\left(\begin{bmatrix} x_1 \\ x_2 \\ x_3 \\ x_4 \end{bmatrix}\right)$$

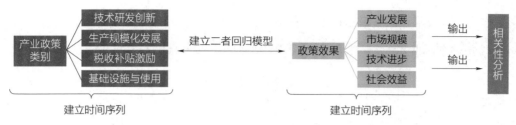

图 3-11　政策投入变量和政策成效变量之间的回归模型示意图

2. 案例

新能源汽车的政策投入（解释变量）可划分为四类，分别是研发技术创新类政策 x_1、生产规范化发展政策 x_2、税收补贴激励政策 x_3、基础设施与使用政策 x_4；新能源汽车的政策效果（被解释变量）可划分为四类，分别是产业发展效果 y_1、市场规模效果 y_2、技术进步效果 y_3、社会效益效果 y_4，表征指标见图 3-12。采用数据标准化法对各类数据进行标准化处理，形成各政策类型投入和各政策成效的量化指标时间序列。

图 3-12　政策投入变量和政策成效变量的表征指标

各类型政策效果的评估结果如下：

（1）产业发展

技术研发创新、生产规模化发展、税收补贴激励、基础设施均对产业发展起到明显影响作用，税收补贴激励政策对产业发展的关联度最高，其政策强度每增加 1%，对产业发展贡献度增加 1.38%。产业发展成效受政策的影响关联程度见图 3－13。

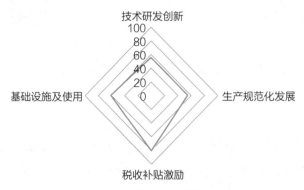

图 3－13　产业发展成效受政策的影响关联程度

（2）市场规模

税收补贴激励与基础设施及使用类政策对市场规模起到影响作用。其中，税收补贴激励政策和基础设施及使用类政策对产业发展的关联度高，其政策强度每增加 1%，分别对市场规模增加的贡献度提高 2.38%、0.1%。市场规模成效受政策的影响关联程度见图 3－14。

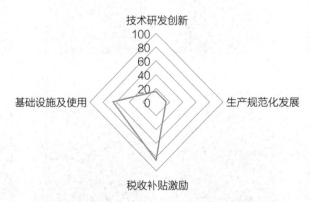

图 3－14　市场规模成效受政策的影响关联程度

（3）技术进步

技术研发创新、税收补贴激励政策均对技术进步起到有限程度影响作用。其中技术研发创新政策和税收补贴激励政策强度每增加 1%，分别对新能源汽车技术进步的贡献度增加 0.05%、0.01%。技术进步成效受政策的影响关联程度见图 3－15。

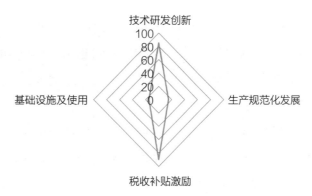

图 3-15 技术进步成效受政策的影响关联程度

（4）社会效益

生产规范化发展、税收补贴激励、基础设施及使用类政策对社会效益起到一定程度影响作用。其中，基础设施及使用、税收补贴激励政策强度每增加 1%，对社会效益贡献度增加近 0.05%。社会效益受政策的影响关联程度见图 3-16。

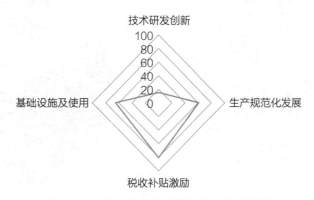

图 3-16 社会效益受政策的影响关联程度

3.2 交 通 领 域

交通运输领域是中国第二大终端能源消费领域，也是最主要的石油消费领域。2020年，中国交通领域用能 4.8 亿吨标准煤，占终端能源消费总量的 13%。煤炭、石油、天然气消费分别为 0.02 亿、4 亿、0.4 亿吨标准煤，石油占比高达 83%，占全国石油总消费的 44%，电气化率仅 5%。碳排放为 8.3 亿吨，占终端部门碳排放的 18%。近 5 年来中国交通用能年均增速为 5%，石油消费持续快速增长，严重影响中国碳达峰碳中和目标的实现，还带来能源安全等问题。

从运输方式来看，**陆路运输**是耗能最大的领域，能源消费量与石油消费量占交通领域总量比重均为 74%，电气化率仅 1%。**航空与航运**当前几乎 100%以石油为燃料，能源消费占交通领域能源总量比重分别为 9%和 7%。**铁路**是中国最清洁低碳的运输方式，电气化率约 70%，能源消费仅占交通领域总量的 4%。2020 年交通领域分品种、分行业能源结构见图 3-17。

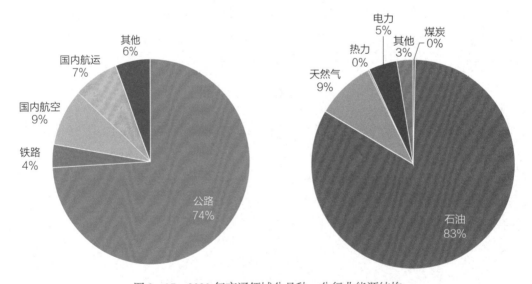

图 3-17   2020 年交通领域分品种、分行业能源结构

近年来电动汽车保有量快速增长，带动交通领域电气化进程加快。2022 年，全国电动汽车销量为 688.7 万辆，同比增长 93.4%。截至 2022 年底，全国电动汽车保有量为 1045 万辆，占全国汽车比重将近 3.3%，比 2021 年增长 1.3 个百分点，如表 3-1 所示。电动汽车发展集中在一线、有限行政策、南方城市，2021 年一线城市电动车销量占汽车总销量比重超过 16.2%，二三线城市为 7%~8%。未来电动汽车、氢燃料电池汽车等技术经济性加快提升，电动船舶、电动飞机等技术在政策支持下加速研发突破，交通领域将形成以电能为主、氢能为辅的运输体系。

表 3-1   2016—2022 年电动汽车保有量及占比

指标	2016 年	2017 年	2018 年	2019 年	2020 年	2021 年	2022 年
全国汽车保有量（亿辆）	1.94	2.17	2.40	2.60	2.81	3.07	3.19
新能源汽车保有量（万辆）	91.3	153.4	260.8	380.9	492.0	784.0	1310.1
新能源汽车占全国汽车比重	0.47%	0.71%	1.09%	1.47%	1.75%	2.60%	4.11%
电动汽车保有量（万辆）	72.6	125.5	211.4	309.3	400.1	640.0	1045
电动汽车占新能源汽车比重	79.5%	81.8%	81.1%	81.2%	81.3%	81.6%	79.78%

3.2.1 电气化发展情景设置

电动汽车发展规模主要受四方面因素影响：① 经济发展、人口规模等宏观因素，出行用能需求与用能习惯；② 电动汽车的续航里程、充电时间、使用寿命、安全性等关键技术成熟度与经济性；③ 充电桩数量、布局、充电便利程度等充换电基础设施完善程度；④ 政府规划目标、环境约束、优惠政策等政策机制。

根据主要影响因素，基于贡珀茨曲线、学习曲线等算法，构建电动汽车发展预测模型。首先，采用贡珀茨曲线生长模型，根据经济发展和人口规模宏观因素，计算全国汽车需求总量。其次，基于技术专利分析法、莱特学习曲线等多种数学算法，预测电动汽车关键技术成熟度与经济性发展趋势。结合政策与市场机制，充换电便利度等基础设施完善程度等宏观影响因素，根据技术成本－规模变化曲线，计算电动汽车发展规模趋势。交通领域电气化潜力评估模型框架见图 3-18。

由于影响因素未来存在不确定性，导致电动汽车发展等交通电气化进程存在不确定性，因此设置低情景、碳中和情景和高情景三种电气化发展情景。低情景下，交通领域能源需求将持续快速增长；碳中和情景下，新增交通运输需求完全由零碳交通方式满足，并逐步替代存量化石能源交通；高情景比碳中和情景电能替代速度更快、规模更大，但高度依赖政策扶持。三个情景下的影响因素参数设置如表 3-2 所示。

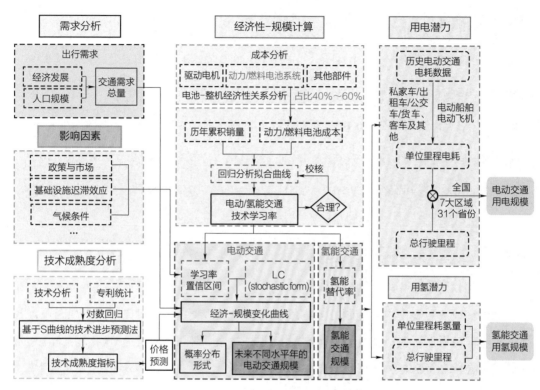

图 3-18　交通领域电气化潜力评估模型框架

表 3-2										电动汽车电气化情景参数设置		

年份	情景	汽车保有量（亿辆）	技术成熟度（0~1）	电池能量密度（瓦时/千克）	电池成本（元/千瓦时）	百千米耗电量（千瓦时）					基础设施完善程度（0~1）	政策支持力度（0~1）
						私家	出租	公交	客车	货车		
2030	低情景		0.6	300	600	22	25	130	160	60	0.6	0.6
	碳中和情景	3.8	0.8	500	400	12	15	110	120	42.5	0.8	0.8
	高情景		1	600	200	11	11	90	80	25	1	1

续表

年份	情景	汽车保有量（亿辆）	技术成熟度（0~1）	电池能量密度（瓦时/千克）	电池成本（元/千瓦时）	百千米耗电量（千瓦时）					基础设施完善程度（0~1）	政策支持力度（0~1）
	低情景		0.8	800	50	18	20	105	130	50	0.8	0.6
2050	碳中和情景	4.6	1	900	30	10	12	100	95	35	1	0.8
	高情景		1	1000	25	9	9	72	65	20	1	1
	低情景		1	900	30	15	16	90	100	40	1	0.6
2060	碳中和情景	4.8	1	1000	25	9	10	80	75	30	1	0.8
	高情景		1	1200	20	8	9	68	60	16	1	1

3.2.2　电气化发展路径

中国私家车数量将继续保持快速增长。中国处于工业化和城镇化中期向中后期发展的过渡期，2016 年汽车保有量居全球第二，仅次于美国，但千人汽车保有量仅不到美国的 1/5。随着中国居民收入提高、消费升级、城市化推进，中国仍将是全球汽车销量增长最快的国家。根据对经济发展、人口规模等宏观要素研判，采用贡珀茨曲线生长模型得出，预计到 2030 年，中国汽车保有量为 3.8 亿辆左右，千人汽车保有量为约 300 辆。到 2050 年，全国汽车保有量为 4.6 亿辆，千人汽车保有量为约 500 辆。

民用航空和内河航运产业将迎来新一轮增长。随着中西部地区经济发展，人民生活水平提高、消费能力增强和对高价值、小批量、时效性强的货运需求快速攀升，航空需求将迅速增长。预计到 2030 年中国将取代美国成为全球最大的航空市场，中国的人均乘机次数将从现在的 0.3 次增长到 1 次以上，约为欧洲当前平均水平。采用回归分析法对内河船舶数量进行预测，到 2030、2050 年，内河船舶保有量分别为 7.8 万、5.6 万艘。

经研究测算，到 2030 年，中国电动汽车保有量增长至 8000 万～1.3 亿辆，占汽车保有量的比重为 8%～34%；到 2050 年中国电动汽车保有量增长至 2.4 亿～4 亿辆，占汽车保有量的比重为 52%～87%。新增交通运输需求完全由零碳交通方式满足，电力消费取代石油成为交通用能主体。本书推荐中情景方案，下面各章节均重点介绍此情景。

1. 碳中和情景

电能替代路径。2030 年后电动汽车逐步取代燃油车，成为市场主流选择。采用学习曲线与基于专利分析的技术成熟度方法，预计到 2030、2050、2060 年，电动汽车保有量分别增至 9400 万、3.3 亿、4.1 亿辆，占全国汽车保有量比重分别从当前的 3.3%提升至 25%、70%、87%。全国电动汽车用电量分别为 0.4 万亿、1.2 万亿、1.5 万亿千瓦时，交通总用电量提升至 0.5 万亿、1.5 万亿、2 万亿千瓦时，交通终端电气化率分别为 11%、37%、48%。交通领域用电规模预测见图 3－19。

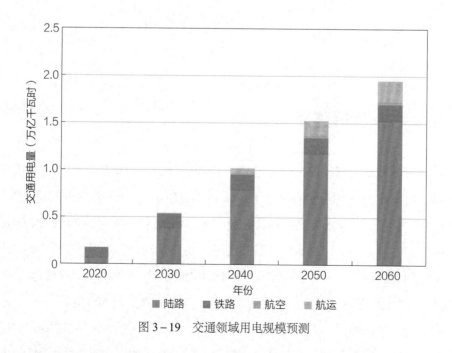

图 3－19　交通领域用电规模预测

氢能替代路径。当前氢能技术处于萌芽期，在未来政策大力支持与加速减排要求下，2030 年在公路领域初步发展，2050 年拓展至航运与航空领域。氢燃料电池汽车主要集中在公交车、大型客车、重型货车、工程车辆等商用车应用场景，根据学习曲线与基于专利的技术成熟度分析，到 2030、2050、2060 年分别为 300 万、2800 万、3500 万辆，占全国汽车保有量比重分别为 1%、6%、8%。到 2060 年，航运与航空领域氢能替代率分别为 10%、5%。到 2030、2050、2060 年，交通用氢总规模分别为 400 万、2800 万、3200 万吨。氢燃料电池汽车能量转化环节较多，总能效仅为 28%，氢能消费占交通能源消费比重为 3%、22%、31%，交通综合电气化率分别为 14%、59%、80%。

　　能源消费总量。电气化发展与运输结构优化带动能效快速提升，推动交通能源消费总量于 2030 年达峰。到 2030、2050、2060 年，能源消费总量将分别为 6 亿、5.1 亿、5 亿吨标准煤。交通领域能源消费总量和结构预测见图 3－20。

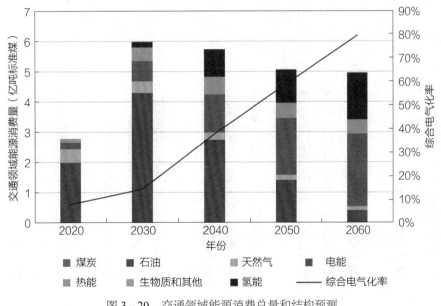

图 3－20　交通领域能源消费总量和结构预测

　　化石能源消费。在公路领域大规模电能与氢能替代下，石油消费于 2030 年达峰，后急速下降。到 2030、2050、2060 年分别为 4.3 亿、1.4 亿、0.4 亿吨标准煤。到 2060 年，车用汽、柴油消费量均将比峰值下降 90%，极大降低石油对外依存度。碳排放主要来自存量燃油汽车、航空、航海等领域。

2. 低情景与高情景

低情景下，电气化技术经济性自然进步，电动交通规模自然缓慢增长。到 2030、2050、2060 年，交通领域用电量分别为 0.5 万亿、1.2 万亿、1.6 万亿千瓦时，终端电气化率分别为 10%、27%、38%。综合电气化率为 13%、47%、67%。终端能源消费分别为 6 亿、5.6 亿、5.3 亿吨标准煤，其中石油消费分别为 4.5 亿、2.2 亿、1 亿吨标准煤。

高情景下，政策支持力度更大，技术发展更快，陆路交通几乎全部电气化，飞机和远距离航运等特殊领域采用氢能或甲醇等清洁燃料替代。到 2030、2050、2060 年，交通领域用电量分别为 0.6 万亿、1.7 万亿、2.1 万亿千瓦时，电气化率分别为 12%、42%、52%；综合电气化率为 15%、64%、84%；终端能源消费分别为 5.8 亿、5 亿、4.9 亿吨标准煤，其中石油消费分别为 4.2 亿、1.1 亿、0.2 亿吨标准煤。交通领域三种情景下的能源消费结构见图 3-21。

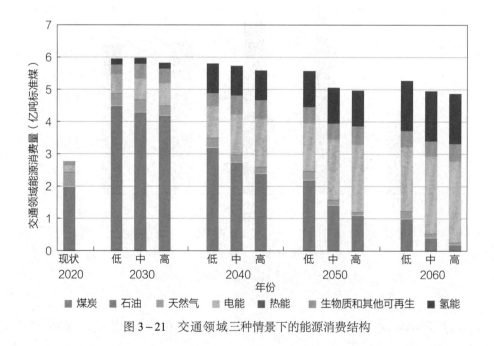

图 3-21　交通领域三种情景下的能源消费结构

3.3 居民与商业领域

3.3.1 用能现状与发展趋势

居民与商业领域能源消费总量持续增加。居民与商业是中国第三大终端能源消费领域，电能消费占比较高。2020 年，居民与商业领域能源消费总量为 4.8 亿吨标准煤，近五年保持 4.2%的年均增速，占终端能源消费总量的 13.3%。随着中国城镇化发展和人民生活水平提升，居民与商业领域用能需求还将不断增长。2016—2020 年居民与商业领域能源消费量见图 3–22。

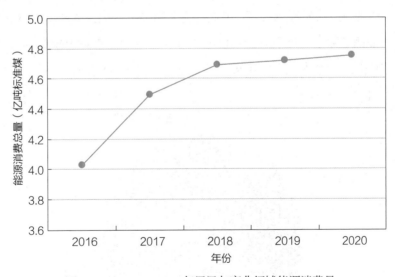

图 3–22 2016—2020 年居民与商业领域能源消费量

居民与商业领域能源消费以电能为主。2020 年，居民与商业领域，电能消费为 1.8 亿吨标准煤，电气化率为 38%。煤炭、石油、天然气消费分别为 0.6 亿、0.8 亿、0.8 亿吨标准煤，分别占总能源消费的 14%、16%、17%。居民与商业领域碳排放为 4.6 亿吨，占能源活动碳排放的 10%。2016—2020 年居民与商业领域能源消费结构见图 3–23。

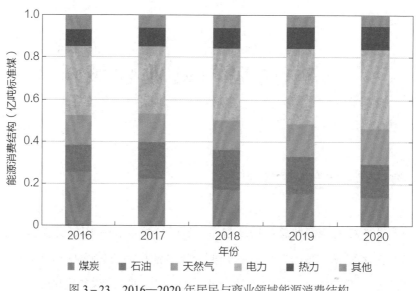

图 3 − 23   2016—2020 年居民与商业领域能源消费结构

居民与商业领域主要包括制热、制冷、数字基础设施、照明和其他四大子行业，能源消费分别为 3.3 亿、0.9 亿、0.2 亿、0.4 亿吨标准煤，占比为 69%、18%、4%、9%，其中，制冷、照明、数字基础设施全部由电能来满足用能需求。2020 年居民与商业领域分品种、分子领域能源结构见图 3 − 24。

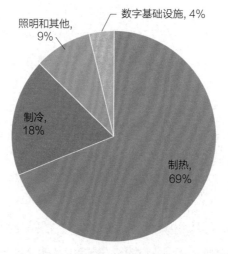

图 3 − 24   2020 年居民与商业领域分品种、分子领域能源结构

居民与商业领域用能需求持续提升。2020 年，中国城镇化率已达 64%，但相比发达国家城镇化率74%的平均水平仍有差距。中国居民与商业领域人均用能约0.34 吨标准煤，而经合组织国家、美国、日本十年前已经达到 0.84、1.26、0.55 吨标准煤。预计 2030 年中国城镇化水平为到 70%，2050、2060 年将分别为 80%、83%。随着中国经济稳步发展，生活消费不断升级，新型城镇化建设、区域协同等不断推进，以及居民对美好生活的需求，居民与商业领域用能需求将不断提高。

3.3.2　电气化发展情景设置

居民与商业领域电气化规模，主要受三方面因素影响：①采暖面积、用能需求与用能习惯，受经济发展、人口规模等宏观因素影响；②热泵、电储热材料等关键技术成熟度与经济性；③政府规划目标、优惠政策等政策机制。居民与商业领域电气化潜力基于学习曲线、回归分析等算法，通过构建电采暖发展预测模型进行评估。该模型包括三个主要子模块：供热/供冷强度分析、技术经济性分析预测、电气化规模计算。居民与商业电气化潜力评估模型示意见图 3－25。

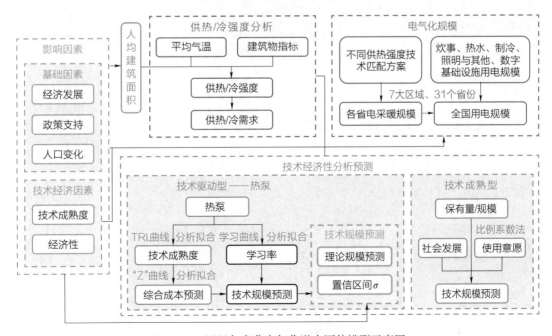

图 3－25　居民与商业电气化潜力评估模型示意图

　　首先进行供热/冷强度分析，根据温度、人口密度、人均建筑面积、建筑物指标等，计算得出全国供热强度和供热总需求。基于技术专利分析法、莱特学习曲线等多种数学算法，预测热泵关键等技术成熟度与经济性发展趋势。结合用户使用意愿度、政策与市场机制等宏观影响因素，根据技术成本−规模变化曲线，计算热泵发展规模趋势。采用滑动回归分析模型，对电锅炉、电暖气、燃煤锅炉、燃气锅炉的应用份额进行预测。

　　居民与商业领域的电气化发展与电采暖技术经济性、电采暖使用意愿度、政策支持力度、数字基础设施用电需求、信息技术发展等因素有关。综合考虑以上因素影响，设置居民与商业领域电气化发展低情景、碳中和情景和高情景三种情景。低情景下，居民与商业领域能源需求将持续增长；碳中和情景下，新建建筑采暖需求完全由电采暖方式满足，并逐步替代燃煤集中采暖，同时 AI 大模型快速发展、6G 通信技术不断完善；高情景比碳中和情景电能替代速度更快、规模更大。三个情景下 2030、2050、2060 年主要参数见表 3−3 和表 3−4。

表 3−3　　　　　　　　电采暖领域电气化情景参数设置

年份	情景	采暖面积（亿平方米）	热泵性能系数	热泵综合年费［元/（平方米·年）］	蓄热式电锅炉综合年费［元/（平方米·年）］	电锅炉综合年费［元/（平方米·年）］	电采暖使用意愿度	政策支持力度（0~1）
2030	低情景		2.3	42	47	63	20%	0.6
	碳中和情景	250	2.5	40	45	59	30%	0.8
	高情景		2.6	38	43	56	40%	1
2050	低情景		2.5	35	42	53	50%	0.6
	碳中和情景	320	3	30	38	50	70%	0.8
	高情景		3.3	27	33	45	90%	1
2060	低情景		2.7	32	40	45	60%	0.6
	碳中和情景	380	3.2	37	35	40	80%	0.8
	高情景		3.5	25	30	35	92%	1

表 3-4 数字基础设施用电情景参数设置

年份	情景	数据中心机架需求（万架）	AI 大模型发展指数	PUE	芯片能效提升	移动流量需求（万 GB）	6G 通信技术成熟度
	低情景		0.20	1.4	50%		0.4
2030	碳中和情景	1600	0.40	1.3	70%	1.2	0.6
	高情景		0.60	1.2	85%		0.7
	低情景		0.70	1.3	150%		0.8
2050	碳中和情景	2800	0.85	1.2	200%	7.3	0.9
	高情景		0.90	1.1	250%		1.0
	低情景		0.75	1.2	200%		0.9
2060	碳中和情景	3200	0.90	1.1	250%	8.0	1.0
	高情景		0.95	1.1	300%		1.0

3.3.3 电气化发展路径

经研究测算，到 2030 年，居民与商业领域电能消费为 2.6 万亿～3.1 万亿千瓦时，综合电气化率为 45%～64%。到 2050 年，电能消费为 5 万亿～5.7 万亿千瓦时，综合电气化率为 66%～89%。到 2060 年，电能消费为 5.3 万亿～6.5 万亿千瓦时，综合电气化率为 72%～95%。

1. 碳中和情景

（1）电能替代路径

居民与商业领域电力消费逐渐成为用能主体。到 2030、2050、2060 年，总用电量分别为 3 万亿、5.5 万亿、6 万亿千瓦时，终端电气化率分别为 59%、83%、85%，综合电气化率分别为 59%、83%、86%。其中电制热用电量分别为 0.6 万亿、2 万亿、2.4 万亿千瓦时，电制冷用电量分别为 1 万亿、1.1 万亿、1.2 万亿千瓦时，照明和其他用电量分别为 0.2 万亿、0.2 万亿、0.2 万亿千瓦时，数字基础设施用电量分别为 1.3 万亿、2.2 万亿、2.3 万亿千瓦时。

电采暖快速发展。热泵实现技术突破，快速发展，在秦岭淮河以南快速普及，电锅炉在北方地区逐步取代集中燃煤取暖，电能成为建筑采暖用能主体。采用莱特随机学习曲线与基于专利分析的技术成熟度方法，预计到 2030、2050、2060 年，电能将分别满足采暖用能需求的 13%、68%、86%，其中热泵保有量分别增至 2400 万、7600 万、9300 万台，分别满足采暖需求的 7%、37%、48%，电锅炉分别满足采暖需求的 4%、22%、26%，电暖气分别满足采暖需求的 3%、9%、12%，电采暖总用电量分别为 0.4 万亿、1.6 万亿、2 万亿千瓦时。热泵规模预测见图 3-26。

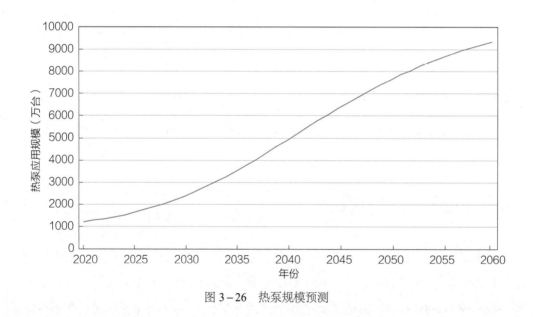

图 3-26　热泵规模预测

电制冷平衡增长。随着生活水平稳步提升，空调保有量自然增长，其中蓄冷式空调占比持续提升，根据比例系数法计算，到 2030、2050、2060 年，空调应用规模分别为 5.7 亿、6 亿、6.1 亿台，用电规模分别为 1 万亿、1.1 万亿、1.2 万亿千瓦时。空调规模预测见图 3-27。

数字基础设施用电快速提升。互联网、大数据、人工智能和实体经济深度融合，数字经济快速发展，人工智能大模型在各行业各环节广泛应用，移动通信服务持续升级，智能移动终端设备大规模普及，带动数字基础设施用电规模快速增长。到 2030、2050、2060 年，数字基础设施用电规模将分别为 1.3 万亿、2.2 万亿、2.3 万亿千瓦时。数字基础设施用电规模预测见图 3-28。

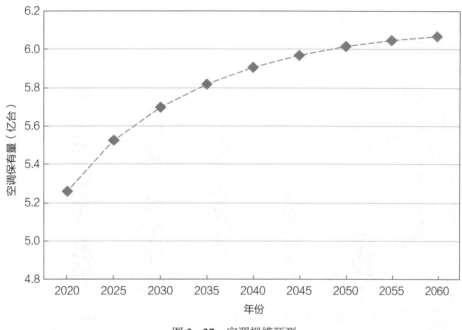

图 3-27　空调规模预测

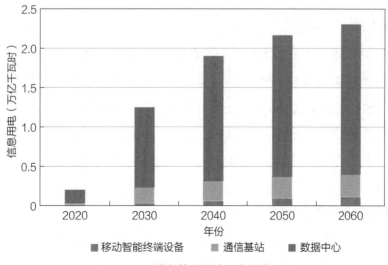

图 3-28　数字基础设施用电规模预测

其他子领域电气化稳步推进。在炊事和生活热水方面，多功能、大功率电炊具广泛应用，智能、即热式电热水器进一步在南方地区应用，到 2030、2050、2060 年，电能将分别满足炊事用能需求的 24%、78%、95%，分别占生活热水用能需求的 30%、48%、60%。居民与商业领域用电规模预测见图 3-29。

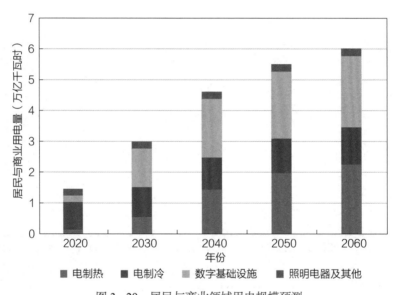

图 3-29　居民与商业领域用电规模预测

（2）化石能源退出路径

居民与商业领域用能不断增长，化石能源消费达峰后持续下降。到 2030、2050、2060 年，能源消费总量将分别为 6.2 亿、8.1 亿、8.7 亿吨标准煤。天然气消费于 2040 年达峰，到 2030、2050、2060 年，天然气消费分别为 0.9 亿、0.8 亿、0.8 亿吨标准煤，煤炭和石油消费持续下降，到 2030、2050、2060 年，煤炭和石油消费总量分别降至 0.9 亿、0.2 亿、0.1 亿吨标准煤。居民与商业领域能源消费总量和结构预测见图 3-30。

2. 低情景与高情景

低情景下，考虑经济、人口、城镇化发展等因素，热泵在秦岭淮河沿线地区逐步应用，电锅炉在北方地区稳步发展。到 2030、2050、2060 年，电能将分别满足采暖用能需求的 10%、50%、70%，其中热泵保有量分别为 2000 万、5700 万、7500 万台，电能将分别满足炊事用能需求的 20%、70%、85%，生活热水用能需求的 25%、41%、50%。信息技术持续发展，大数据、人工智能带动数据中心持续发展。居民与商业领域总用电量分别为 2.6 万亿、5 万亿、5.3 万亿千瓦时。终端和综合电气化率均分别为 45%、66%、72%。

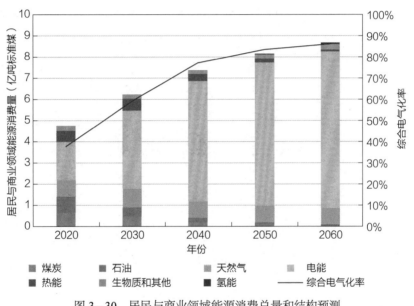

图 3-30 居民与商业领域能源消费总量和结构预测

高情景下，城镇化进程快速推进，城镇建筑用能需求基本由电能满足，热泵、电锅炉、电暖气在新增和存量建筑中大规模应用。到 2030、2050、2060 年，电能将分别满足采暖用能需求的 20%、75%、90%，其中热泵保有量分别为 2800 万、8000 万、9800 万台，电能将分别满足炊事用能需求的 30%、83%、100%，分别满足生活热水用能需求的 45%、55%、70%，居民与商业领域总用电量为 3.1 万亿、5.7 万亿、6.5 万亿千瓦时。终端电气化率分别为 64%、88%、94%，综合电气化率分别为 64%、89%、95%。居民与商业领域三种情景下的能源消费结构见图 3-31。

3　潜力与路径　91

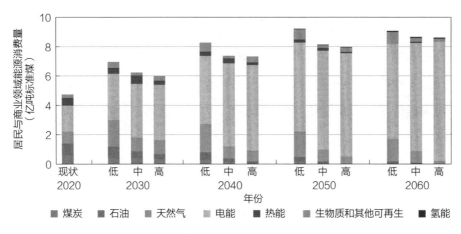

图 3-31　居民与商业领域三种情景下的能源消费结构

3.4　工　业　领　域

3.4.1　钢铁

1. 用能现状和发展趋势

钢铁产量及能耗已进入平台期。2020 年，全国粗钢产量 10.53 亿吨，同比增长 5.2%；用能为 7.3 亿吨标准煤，占终端能源消费总量的 20.5%。

从炼钢工艺来看，中国钢铁生产仍以长流程为主。2020 年，长流程钢铁产量为 9.54 亿吨，占 90%；短流程电炉法钢铁产量仅 1.11 亿吨，占 10%，如图 3-32 所示。

分能源品种来看，煤炭仍是第一大能源，消费量为 6.2 亿吨标准煤，占比 85%，如图 3-33 所示；石油、天然气、电力消费分别为 0.01 亿、0.2 亿、0.8 亿吨标准煤，电气化率仅 11%。

钢铁需求在进入平台期后逐步下降。汽车产业的逐步成熟与汽车保有量的不断增长，以及新基建、高端装备制造将拉动钢铁消费升级，近期钢铁产量仍将继续保持高位，总体稳定在 12 亿吨左右；到 2030 年，钢铁产量进入下降拐点，到 2060 年降至 6.1 亿吨左右。

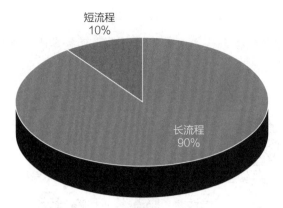

图 3-32 钢铁行业产业结构

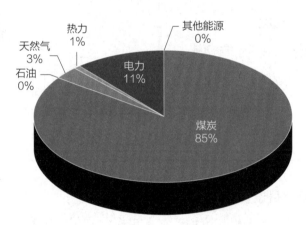

图 3-33 钢铁行业能源消费结构

专栏 3.1   **全球主要炼钢工艺**

    目前世界主流炼钢工艺分为长流程炼钢和电炉炼钢两种。长流程炼钢工艺的原材料主要是铁矿石，高炉和转炉是关键设备。铁矿石经过烧结等前期处理环节后，与焦炭加入高炉后冶炼得到碳含量 4%以上的液态铁水，铁水经过氧气转炉吹炼，配以精炼炉去除部分碳后得到合格钢水，最终通过轧制工序成为钢材。长流程炼钢工艺是当前中国钢铁行业的主流工艺。

    电炉炼钢的原材料主要是废钢，电弧炉是主要设备。废钢经简单加工破碎或剪切、打包后装入电弧炉中，利用石墨电极与废钢之间产生电弧所发生的热量来熔炼废钢，完成脱气、调成分、调温度、去夹杂等一系列工序后得到合格钢水，后续轧制工序与长流程基本相同。电炉炼钢工艺循环高效、经济环保，是中国钢铁行业未来的发展方向。

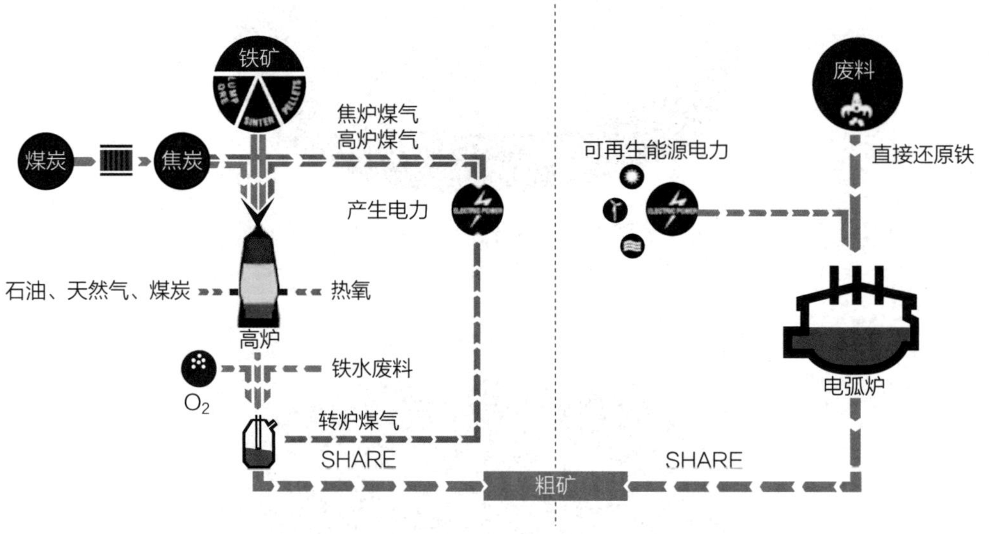

电炉炼钢与传统炼钢工艺对比

2. 电气化发展情景设置

钢铁行业电气化发展进程与废钢产量、电解水制氢成本有关，考虑钢铁电气化进程因政策机制、废钢量、氢产业成熟度、氢能炼钢经济性等方面存在不确定性，设置低情景、碳中和情景和高情景三种电气化发展情景。三个情景参数设置如表 3-5 所示。

表 3-5 钢铁行业电气化情景参数设置

年份	情景	钢铁产量（亿吨）	废钢产量（亿吨）	电解水制氢成本（元/千克）
2030	低情景		3.2	16
	碳中和情景	12.4	3.8	13
	高情景		3.9	11

年份	情景	钢铁产量（亿吨）	废钢产量（亿吨）	电解水制氢成本（元/千克）
	低情景		6	8
2050	碳中和情景	8.5	6.8	6.5
	高情景		6.9	5.5
	低情景		4.2	7
2060	碳中和情景	6.1	4.9	6
	高情景		5	5

根据莱特学习曲线法，由电解水制氢成本得到氢能炼钢产量规模；根据 1 吨废钢可生产 0.9 吨新钢水的比例关系，由废钢产量得到电炉炼钢规模。结合氢能炼钢吨钢耗氢量和电炉炼钢吨钢耗电量，测算未来三种情景下的钢铁行业电气化发展及用能情况。

3. 电气化路径

经研究测算，到 2030 年，钢铁领域电能消费为 0.7 万亿～0.8 万亿千瓦时，综合电气化率为 16%～19%。到 2050 年，钢铁领域电能消费为 0.4 万亿～0.6 万亿千瓦时，综合电气化率为 41%～66%。到 2060 年，钢铁领域电能消费为 0.3 万亿～0.4 万亿千瓦时，综合电气化率为 54%～82%。

（1）碳中和情景

电能替代路径。近期废钢资源快速释放推动电炉炼钢产量迅速增长、电气化率快速提升，2040 年后废钢产量逐步稳定，电炉炼钢产量逐步放缓。到 2030、2050、2060 年，电炉炼钢产量分别为 3.5 亿、6.1 亿、4.4 亿吨，占全国钢产量的比重分别为 28%、71%、72%。电能消费量分别为 0.8 万亿、0.5 万亿、0.4 万亿千瓦时，约占全社会用电量的 6%、3.3%、2.3%，综合电气化率分别为 17%、60%、75%。钢铁行业用电规模预测见图 3-34。

化石能源退出路径。钢铁能源消费结构优化与电气化发展带动能效快速提升，终端能源消费总量逐步降低，到 2030、2050、2060 年，能源消费总量将分别为 6.7 亿、2.0

亿、1.3 亿吨标准煤。煤炭消费持续下降，到 2030、2050、2060 年分别为 5.2 亿、0.5 亿、

0.2 亿吨标准煤。碳中和情景钢铁能源结构发展趋势见图 3-35。

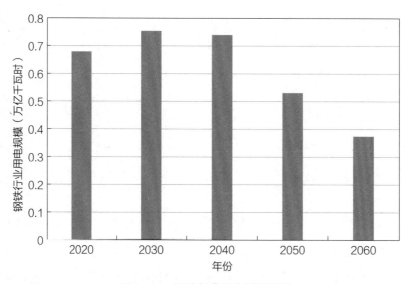

图 3-34   钢铁行业用电规模预测

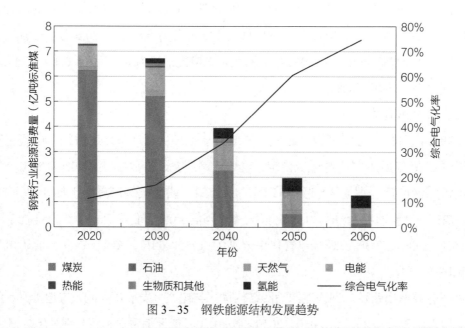

图 3-35   钢铁能源结构发展趋势

（2）低情景与高情景

低情景下，受废钢产量上升、成本下降等因素影响，电炉炼钢仍将保持较快速度发展；氢能产业与氢能炼铁相关技术资金投入未出现明显增长，氢能炼钢产业发展较为缓慢。到2030、2050、2060年，电能消费分别为0.7万亿、0.4万亿、0.3万亿千瓦时，综合电气化率分别为16%、41%、54%。

高情景下，废钢资源开发投入力度与进口规模进一步加大，增强氢产业链及氢能炼钢工程资金投入，电炉炼钢与氢能炼钢较中速情景更快发展。到2030、2050、2060年，电能消费分别为0.8万亿、0.6万亿、0.4万亿千瓦时，综合电气化率分别为19%、66%、82%。钢铁行业三种情景下的能源消费结构见图3-36。

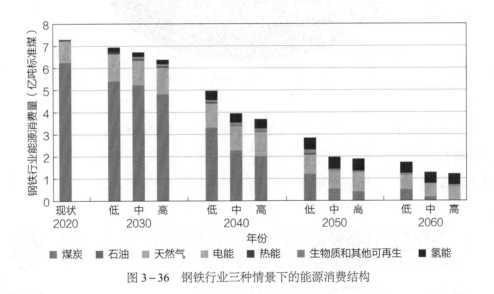

图3-36 钢铁行业三种情景下的能源消费结构

3.4.2 化工

1. 用能现状和发展趋势

中国是化工用能第一大国。2020年，中国化工行业能源消费7.4亿吨标准煤，占终端能源总量的21%，产值为16万亿元。分能源品种看，化工行业用能以化石能源为主。2020年为5.4亿吨标准煤，占化工行业终端能源比重72%，其中煤炭、石油、天然气消费量分别为 1.8 亿、2.8 亿、0.7 亿吨标准煤，占比分别为 24%、38%、10%。化工行业能源消费结构见图 3–37。

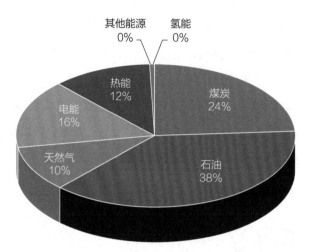

图 3–37　化工行业能源消费结构

分化工产品种类来看，甲醇、合成氨、烧碱、电石、纯碱等前十大产品耗能总和占全行业能源消费量的 63%。其中，2020 年甲醇、合成氨产量分别为 6357 万、5117 万吨，其能耗约占化工行业总能耗的 30%以上。石油和化学工业主要产业链见图 3–38。

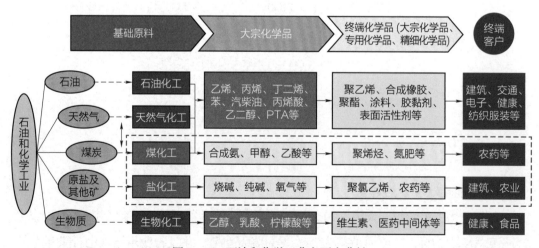

图 3–38　石油和化学工业主要产业链

随着社会经济持续发展、居民消费水平持续提升以及主要化工产品加快国产化，总体来看中国化工产品需求仍将保持增长态势，但增速将逐步下降。预计未来 10 年，中国化工行业产值年均增速将保持在 5%左右，2030 年产值为 26 万亿元；到 2060 年，化工行业产值将为 45 万亿元以上。

2. 电气化发展情景设置

化工行业电气化发展与电制甲醇成本、电制甲烷成本、电制合成氨成本有关，综合考虑技术发展、政策支持等因素影响，设置低情景、碳中和情景、高情景三种电气化发展情景。三个情景参数设置如表 3-6 所示。

表 3-6   化工行业电气化情景参数设置

年份	情景	电制甲醇成本（元/千克）	电制甲烷成本（元/立方米）	电制合成氨成本（元/千克）	电加热推广力度（0~1）
2030	低情景	3	4.3	2.6	0.6
	碳中和情景	3.5	5	2.9	0.8
	高情景	4	5.7	3.2	1
2050	低情景	2.1	3.4	2.0	0.6
	碳中和情景	1.8	2.9	1.8	0.8
	高情景	1.5	2.4	1.6	1
2060	低情景	1.8	2.9	1.7	0.6
	碳中和情景	1.6	2.4	1.5	0.8
	高情景	1.4	2.2	1.4	1

根据莱特学习曲线法，由电制甲醇、电制甲烷、电制合成氨成本分别得到相应的产量规模，结合电制甲醇、电制甲烷、电制合成氨单位产量耗氢量，得到氢能消费量；根据电加热推广力度，结合电加热单位蒸吨成本初始预测值，测算单位蒸吨成本，再根据莱特学习曲线，得到加热环节电能消费总量。

3. 电气化发展路径

经研究测算，到 2030 年，中国化工行业电能消费为 1.3 万亿～1.5 万亿千瓦时，综合电气化率为 16%～21%。到 2050 年，中国化工行业电能消费为 1.5 万亿～1.8 万亿千瓦时，综合电气化率为 37%～46%。到 2060 年，中国化工行业电能消费为 1.6 万亿～1.9 万亿千瓦时，综合电气化率为 52%～61%。

（1）碳中和情景

电能替代路径。化工行业工业电制热快速推广，推动化工行业电能消费水平持续增长，到 2030、2050、2060 年，电能消费量分别为 1.4 万亿、1.7 万亿、1.8 万亿千瓦时，约占全社会用电量的 11.6%、10.9%、10.8%，综合电气化率分别为 18%、43%、57%。化工行业用电规模预测见图 3-39。

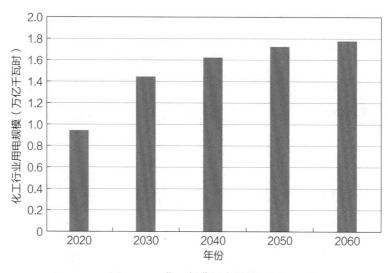

图 3-39　化工行业用电规模预测

化石能源退出路径。化工能源消费随化工产值增加而持续增长，2030 年后随着电能氢能替代持续推进，能源消费总量开始下降、能效水平持续提升，到 2030、2050、2060 年，能源消费总量将分别为 9.9 亿、8.7 亿、7.3 亿吨标准煤。化石能源消费先增后降，到 2030、2050、2060 年分别为 7.1 亿、4.4 亿、2 亿吨标准煤。碳中和情景下化工行业能源结构发展趋势见图 3-40。

（2）低情景与高情景

低情景下，电锅炉、多级供热工业热泵技术装备发展速度较慢，未来十年仍主要依赖化石能源供热；氢能产业资金投入未出现明显增长，电制原材料商业化速度较为迟滞。到 2030、2050、2060 年，电能消费分别为 1.3 万亿、1.5 万亿、1.6 万亿千瓦时，综合电气化率分别为 16%、37%、52%。

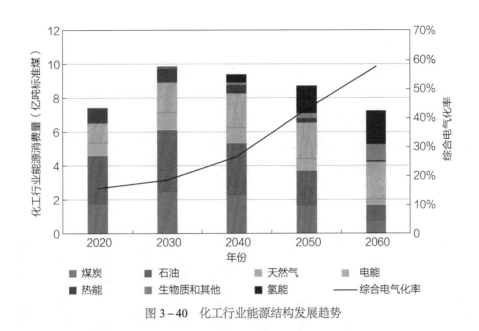

图 3-40 化工行业能源结构发展趋势

高情景下，电加热设备和电制原材料技术资金投入进一步加快，氢能产业超前布局，化工行业电能氢能替代将更快发展。到 2030、2050、2060 年，电能消费分别为 1.5 万亿、1.8 万亿、1.9 万亿千瓦时，综合电气化率分别为 21%、46%、61%。化工行业三种情景下的能源消费结构见图 3-41。

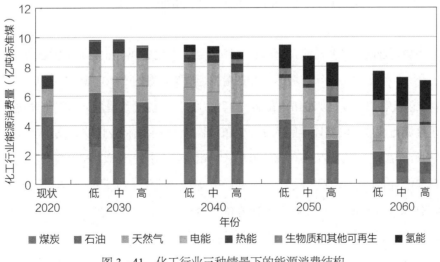

图 3-41 化工行业三种情景下的能源消费结构

3.4.3   有色金属

1. 用能现状和发展趋势

中国有色金属产量居世界首位。2020 年，电解铝、精炼铜产量分别为 3700 万、1000 万吨，分别占全球总产量的 57%、42%。2010—2020 年中国电解铝年产量见图 3-42。

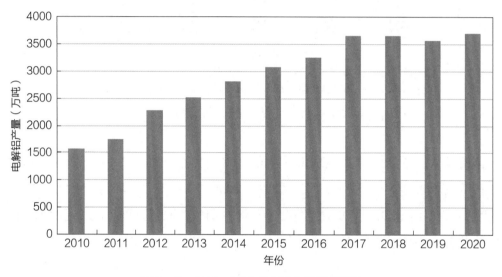

图 3-42   2010—2020 年中国电解铝年产量

有色金属行业能源消费总量持续增长。2020 年，有色金属行业能源消费总量为 1.3 亿吨标准煤，近五年保持 4.3% 的年均增速，占终端能源消费总量的 3.6%。其中，电解铝占有色金属能源消费总量的 75% 以上。2016—2020 年有色金属行业能源消费量与电气化率见图 3-43。

有色金属行业能源消费以电能为主。2020 年，有色金属行业煤炭、石油、天然气、电能消费分别为 0.2 亿、0.04 亿、0.07 亿、0.9 亿吨标准煤，电气化率为 68%。有色金属行业碳排放 0.9 亿吨，占能源活动碳排放的 2%。2020 年有色金属行业能源消费结构见图 3-44。

中国有色金属产量将于 2030 年前达峰。随着中国产业结构升级、工业化和城镇化进程稳步推进、新能源汽车的发展等，中国有色金属需求将在 2030 年前达峰。其中，电解铝产量将于 2025 年左右达峰，峰值为 4400 万吨左右，达峰后继续维持高位至 2030 年，此后逐渐下降，到 2050、2060 年，产量降至 3130 万、2860 万吨。精炼铜产量均将

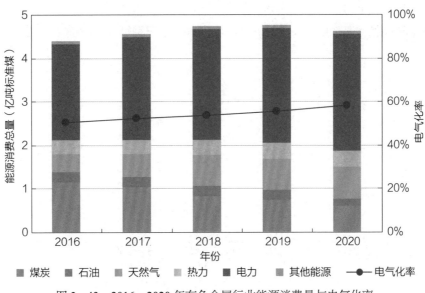

图 3-43 2016—2020 年有色金属行业能源消费量与电气化率

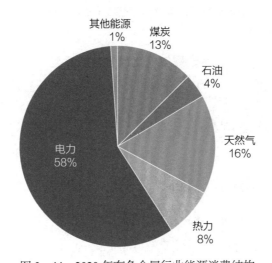

图 3-44 2020 年有色金属行业能源消费结构

于 2030 年前达峰，产量峰值约为 1250 万吨，到 2050、2060 年，产量降至 1060 万、990 万吨。2020—2060 年中国电解铝、精炼铜产量预测见图 3-45。

2. 电气化发展情景设置

有色金属行业电气化发展与有色金属需求量、单位产量能耗，有色金属所用电气化技术的生产工艺渗透指数、技术成本，主要产品比例，以及电炉设备研发政策支持力度有关。综合考虑技术发展、政策支持等因素影响，设置有色金属行业电气化发展低情景、碳中和情景和高情景三种情景。2030、2050、2060 年三种情景主要参数如表 3–7 所示。

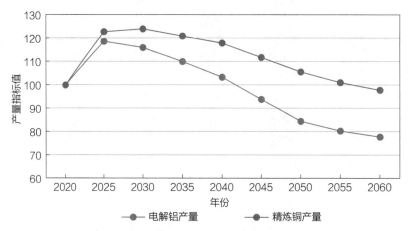

图 3–45　2020—2060 年中国电解铝、精炼铜产量预测（2020 年基数 100）

注：产量指标值即以 2020 年为基数 100 计算出的指标值。

表 3–7　　　　　　　　　有色金属电气化情景参数设置

年份	情景	氧化铝需求量（万吨）	能耗（千瓦时/吨）	精炼铜需求量（万吨）	能耗（千克标准煤/吨）	电气化生产工艺渗透指数	电气化技术成本	主要产品比例	政策支持力度（0～1）
2030	低情景	4000	13500	1250	3800	0.15	80	72%	0.6
	碳中和情景		13400		3700	0.13	78	72%	0.8
	高情景		13300		3600	0.12	76	72%	1
2050	低情景	3130	13200	1060	3700	0.15	77	75%	0.6
	碳中和情景		13000		3500	0.13	75	75%	0.8
	高情景		12800		3300	0.12	73	75%	1
2060	低情景	2860	13000	990	3600	0.15	75	80%	0.6
	碳中和情景		12800		3200	0.13	73	80%	0.8
	高情景		12500		3000	0.12	70	80%	1

3. 电气化发展路径

经研究测算，到 2030 年，中国有色金属行业电能消费为 1 万亿～1.2 万亿千瓦时，综合电气化率为 71%～85%。到 2050 年，电能消费为 0.8 万亿～0.9 万亿千瓦时，综合电气化率为 76%～94%。到 2060 年，电能消费为 0.8 万亿千瓦时，综合电气化率为 82%～95%。

（1）碳中和情景

电能替代路径。有色金属电解技术持续创新突破、设备结构不断优化升级，电气化水平快速提升。预计到 2030、2050、2060 年，电能消费分别为 1.1 万亿、0.9 万亿、0.8 万亿千瓦时。**终端和综合电气化率均分别为 82%、89%、90%。**有色金属行业用电规模预测见图 3-46。

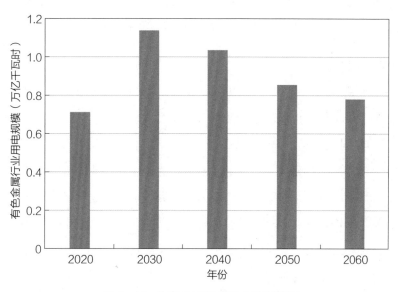

图 3-46　有色金属行业用电规模预测

化石能源退出路径。随着有色金属需求变化和用能结构的不断优化，有色金属行业能源消费总量在 2030 年达峰后持续下降，到 2030、2050、2060 年，能源消费总量将分别为 1.7 亿、1.2 亿、1.1 亿吨标准煤。**化石能源消费大幅降低，**到 2030、2050、2060 年分别降至 0.3 亿、0.1 亿、0.1 亿吨标准煤。有色金属行业能源消费总量和结构预测见图 3-47。

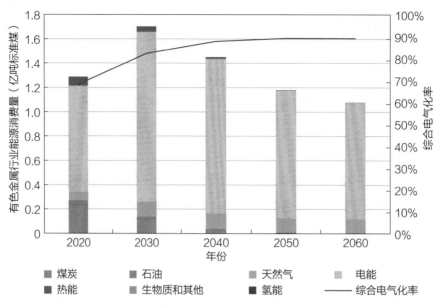

图 3-47   有色金属行业能源消费总量和结构预测

（2）低情景与高情景

低情景下，考虑经济、人口、产业发展等因素，有色金属行业电气化发展平稳增长。到 2030、2050、2060 年，电能消费分别为 1 万亿、0.8 亿亿、0.8 万亿千瓦时。**终端和综合电气化率均分别为 71%、76%、82%**。

高情景下，电解铝、精炼铜等技术趋于成熟，有色金属行业电气化水平提升更快。到 2030、2050、2060 年，电能消费分别为 1.2 万亿、0.9 万亿、0.8 万亿千瓦时。**终端和综合电气化率均分别为 85%、94%、95%**。有色金属行业三种情景下的能源消费结构见图 3-48。

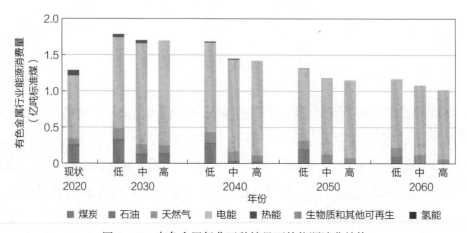

图 3-48   有色金属行业三种情景下的能源消费结构

3.4.4 建材

1. 用能现状和发展趋势

中国建材产量居世界首位。2020 年,水泥、平板玻璃产量分别为 24 亿、5000 万吨,均占全球总量的 50%以上。**建材能源消费总量开始下降。**2020 年,中国建材行业能源消费总量为 2.9 亿吨标准煤,近五年保持 −0.7%的年均增速,占终端能源消费总量的 8.1%。2016—2020 年建材行业能源消费量与电气化率见图 3 − 49。

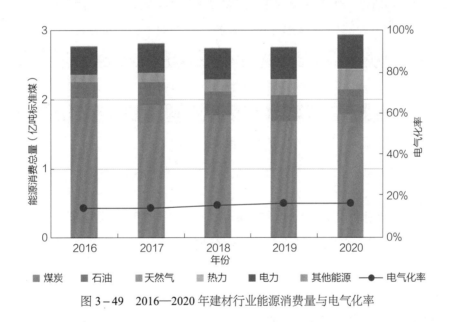

图 3 − 49   2016—2020 年建材行业能源消费量与电气化率

建材行业主要包括水泥、玻璃、陶瓷,能源消耗主要在加热环节。水泥生产包括"两磨一烧"环节,即生料粉磨、熟料煅烧、水泥粉磨环节,其中熟料煅烧主要以煤炭为燃料,能耗占整个工艺流程总能耗的 70%~80%。**玻璃**生产包括原料破碎与混合、原料熔融、玻璃成型、退火四个工艺环节,能源消耗主要在原料熔融环节,能耗占全部工艺的 75%。中国玻璃生产主要以石油焦和煤气为燃料,占比分别为 21%和 16%。**陶瓷**生产包括原料配置与粉碎、泥浆制备、成型、干燥、施釉、烧成等,能源消耗集中在干燥与烧成两个环节,共占陶瓷生产总耗能的 75%以上。建材工艺环节的能耗见图 3 − 50。

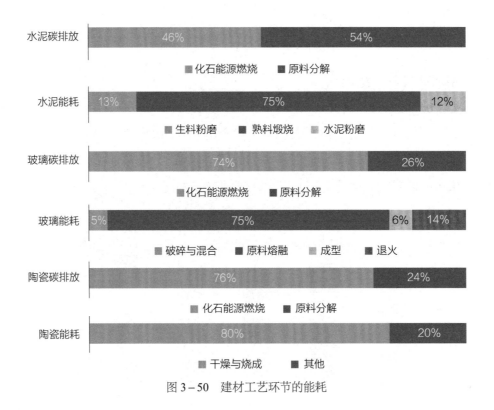

图 3-50 建材工艺环节的能耗

　　建材行业能源消费以煤炭为主。2020 年，中国建材行业煤炭、石油、天然气、电能消费分别为 1.8 亿、0.4 亿、0.3 亿、0.5 亿吨标准煤，电气化率为 16%。2020 年，中国建材行业碳排放为 6.3 亿吨，占能源活动碳排放的 13.8%。2020 年建材行业能源消费结构见图 3-51。

　　中国建材需求将逐步下降。当前中国建材需求已超过发达国家峰值，2020 年，中国人均水泥产量已经达到 1.7 吨，是发达国家的 3~5 倍，是金砖国家的 6~7 倍。中国平板玻璃产量已达 4800 万吨，约占世界平板玻璃总产量的 48%，人均年产量已达 34.5 千克，是世界平均水平的 3 倍。"十三五"以来，随着供给侧结构性改革加速推进，水泥产销量逐步下降，年均下降 1%。随着中国基础设施逐渐完善，建材未来需求将逐渐下降，到 2030、2050、2060 年，水泥需求将分别降至 18 亿、15 亿、11 亿吨左右，平板玻璃需求将分别降至 9 亿、7 亿、6 亿重量箱左右。各国人均水泥存量见图 3-52。

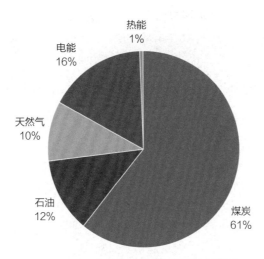

图 3-51　2020 年建材行业能源消费结构

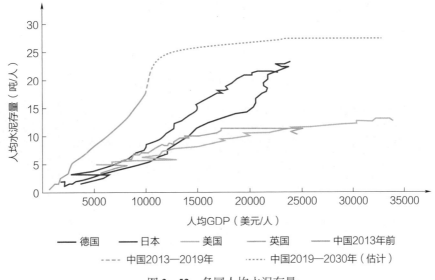

图 3-52　各国人均水泥存量

2. 电气化发展情景设置

建材行业电气化发展与建材需求量，建材全电生产线的生产成本、生产能耗、应用比例，及电窑炉设备研发政策支持力度有关。综合考虑技术发展、政策支持等因素影响，设置建材行业电气化发展低情景、碳中和情景和高情景三种情景。2030、2050、2060 年三种情景主要参数如表 3-8 和表 3-9 所示。

表 3-8   水泥电气化情景参数设置

年份	情景	水泥需求量（亿吨）	全电生产线水泥电耗（千瓦时/吨）	全电生产线水泥成本（元/吨）	水泥全电生产线比例	政策支持力度（0~1）
2030	低情景	18	800	470	5%	0.6
	碳中和情景		750	450	10%	0.8
	高情景		700	430	16%	1
2050	低情景	15	650	350	60%	0.6
	碳中和情景		600	300	70%	0.8
	高情景		560	270	85%	1
2060	低情景	11	600	320	70%	0.6
	碳中和情景		570	280	90%	0.8
	高情景		540	250	96%	1

表 3-9   平板玻璃电气化情景参数设置

年份	情景	平板玻璃需求量（亿重量箱）	全电生产线平板玻璃电耗（千瓦时/重量箱）	全电生产线平板玻璃成本（元/重量箱）	全电生产线比例	政策支持力度（0~1）
2030	低情景	9	85	130	10%	0.6
	碳中和情景		80	120	20%	0.8
	高情景		75	110	30%	1
2050	低情景	7	75	90	65%	0.6
	碳中和情景		70	80	80%	0.8
	高情景		65	70	90%	1
2060	低情景	6	70	80	75%	0.6
	碳中和情景		65	70	85%	0.8
	高情景		60	65	95%	1

3. 电气化发展路径

经研究测算，到 2030 年，中国建材行业电能消费约为 0.6 万亿千瓦时，综合电气化率为 27%～30%。到 2050 年，电能消费为 0.6 万亿～0.7 万亿千瓦时，综合电气化率为 48%～70%。到 2060 年，电能消费为 0.5 万亿～0.7 万亿千瓦时，综合电气化率为 56%～86%。

（1）碳中和情景

电能替代路径。有色金属电解技术持续创新突破、设备结构不断优化升级，电气化水平快速提升。预计到 2030、2050、2060 年，电加热炉生产线水泥产量分别为 1.8 亿、10.5 亿吨、10 亿吨，占水泥总产量比重分别为 10%、70%、90%，电能消费分别为 0.6 万亿、0.7 万亿、0.7 万亿千瓦时。**终端和综合电气化率均分别为 28%、62%、79%。**建材行业用电规模见图 3-53。

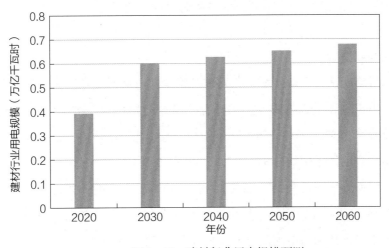

图 3-53 建材行业用电规模预测

化石能源退出路径。随着有色金属需求变化和用能结构的不断优化，有色金属行业能源消费总量在 2030 年达峰后持续下降，到 2030、2050、2060 年，能源消费总量将分别为 1.7 亿、1.2 亿、1.1 亿吨标准煤。**化石能源消费大幅降低**，到 2030、2050、2060 年分别降至 0.3 亿、0.1 亿、0.1 亿吨标准煤。建筑行业能源消费总量和结构预测见图 3-54。

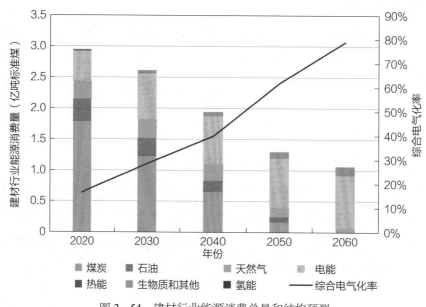

图 3-54　建材行业能源消费总量和结构预测

（2）低情景与高情景

　　低情景下，考虑经济、人口、城镇化发展等因素，建材行业电气化发展平稳增长，到 2030、2050、2060 年，电加热炉生产线水泥产量分别为 0.9 亿、7.2 亿、7.7 亿吨，占水泥总产量比重分别为 5%、60%、70%，电能消费分别为 0.6 万亿、0.6 万亿、0.5 万亿千瓦时。**终端和综合电气化率均分别为 27%、48%、56%。**

　　高情景下，电加热炉在新增生产线完全替代传统窑炉和熔炉，满足加热环节用能需求。到 2030、2050、2060 年，电加热炉生产线水泥产量分别为 2.9 亿、12.8 亿、10.6 亿吨，占水泥总产量比重分别为 16%、85%、96%，电能消费分别为 0.6 万亿、0.7 万亿、0.7 万亿千瓦时。**终端和综合电气化率均分别为 30%、70%、86%。**建材行业三种情景下的能源消费结构见图 3-55。

3.4.5　其他制造业

1. 用能现状和发展趋势

　　其他制造行业能源消费总量缓慢上升。2020 年，中国其他制造行业能源消费总量为

4.6 亿吨标准煤,近五年保持 1% 的年均增速,占终端能源消费总量的 12.8%。2016—2020
年其他制造行业能源消费量与电气化率见图 3 – 56。

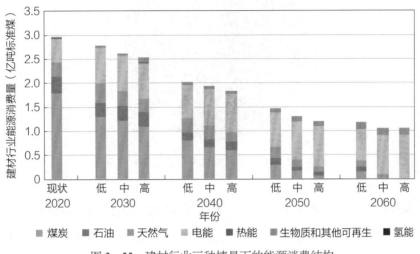

图 3 – 55　建材行业三种情景下的能源消费结构

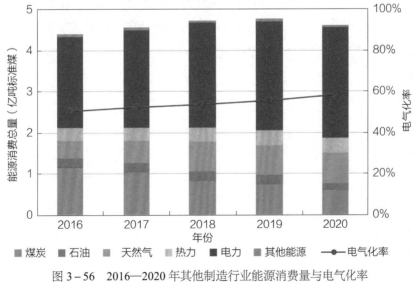

图 3 – 56　2016—2020 年其他制造行业能源消费量与电气化率

　　其他制造行业能源消费以电能为主。 2020 年,中国其他制造行业煤炭、石油、天然
气、电能消费量分别为 0.6 亿、0.2 亿、0.7 亿、2.7 亿吨标准煤,电气化率为 58%。碳排
放为 3.4 亿吨,占能源活动碳排放的 7.4%。2020 年其他制造行业能源消费结构见图 3 – 57。

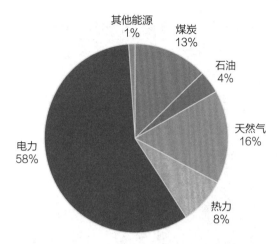

图 3−57   2020 年其他制造行业能源消费结构

　　中国制造业会向着技术水平、生产效率、附加价值更高的产业领域和价值链环节升级。经过改革开放四十多年来的发展，中国制造业研发投入持续增长，创新能力不断攀升，正在向全球价值链中高端迈进，在通信设备、高铁、发电设备、光伏组件、动力电池等领域的技术水平进入世界领先行列。高端制造业将带动中国制造业整体快速发展，占中国第二产业 GDP 比例也将由现在的 56%，提高到 2030、2050、2060 年的 61%、68%、70%。其他制造业占第二产业 GDP 比例见图 3−58。

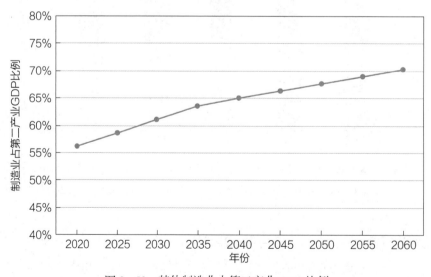

图 3−58   其他制造业占第二产业 GDP 比例

2. 电气化发展情景设置

其他制造业电气化发展与占第二产业 GDP 比例、单位 GDP 能耗，电气化技术的生产工艺渗透指数、技术成本，以及电锅炉设备研发政策支持力度有关。综合考虑技术发展、政策支持等因素影响，研究其他制造业行业电气化发展低情景、碳中和情景、高情景三种情景。2030、2050、2060 年三种情景主要参数如表 3-10 所示。

表 3-10   其他制造业情景参数设置

年份	情景	其他制造业占第二产业 GDP 比例	单位 GDP 能耗（吨标准煤/万元）	电气化生产工艺渗透指数	电气化技术成本	政策支持力度（0~1）
	低情景	58%	0.18	0.1	100	0.6
2030	碳中和情景	61%	0.16	0.08	80	0.8
	高情景	63%	0.15	0.07	70	1
	低情景	65%	0.11	0.1	100	0.6
2050	碳中和情景	68%	0.09	0.08	80	0.8
	高情景	70%	0.08	0.07	70	1
	低情景	68%	0.1	0.1	100	0.6
2060	碳中和情景	70%	0.08	0.08	80	0.8
	高情景	72%	0.07	0.07	70	1

3. 电气化发展路径

经研究测算，到 2030 年，中国其他制造业电能消费为 3.1 万亿～3.5 万亿千瓦时，综合电气化率为 61%～71%。到 2050 年，电能消费为 4 万亿～4.3 万亿千瓦时，综合电气化率为 72%～85%。到 2060 年，电能消费为 4.1 万亿～4.3 万亿千瓦时，综合电气化率为 77%～91%。

（1）碳中和情景

电能替代路径。电气化发展路径。其他制造行业电加热法技术取得突破，电气化水平快速提升。预计到 2030、2050、2060 年，电能消费分别为 3.4 万亿、4.2 万亿、4.3 万亿千瓦时，终端和综合电气化率均分别为 68%、79%、86%。其他制造业用电规模预测见图 3-59。

化石能源退出路径。随着中国制造业电能替代的稳步推进，高端制造业的快速发展，能源消费总量在 2030 年达峰后缓慢下降，到 2030、2050、2060 年，能源消费总量将分别为 6.1 亿、6.6 亿、6.1 亿吨标准煤。**化石能源消费大幅降低**，到 2030、2050、2060 年分别降至 1.4 亿、0.8 亿、0.5 亿吨标准煤。其他制造业能源消费总量和结构预测见图 3-60。

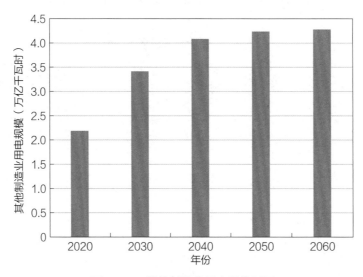

图 3-59　其他制造业用电规模预测

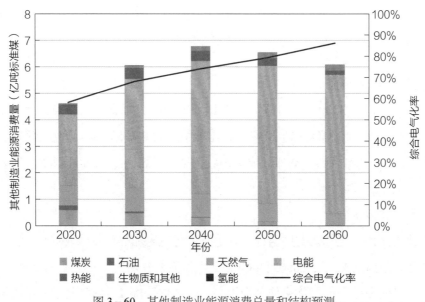

图 3-60　其他制造业能源消费总量和结构预测

（2）低情景与高情景

低情景下，考虑经济社会发展等因素，其他制造行业电气化发展平稳增长，到 2030、2050、2060 年，电能消费分别为 3.1 万亿、4 万亿、4.1 万亿千瓦时。**终端和综合电气化率均分别为 61%、72%、77%。**

高情景下，电气化水平提升更快，能效快速提升。到 2030、2050、2060 年，电能消费分别为 3.5 万亿、4.3 万亿、4.3 万亿千瓦时。**终端和综合电气化率均分别为 71%、85%、91%。**其他制造业三种情景下的能源消费结构见图 3-61。

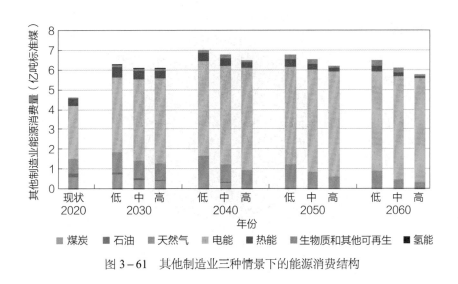

图 3-61　其他制造业三种情景下的能源消费结构

3.5　农 林 牧 渔 领 域

3.5.1　用能现状和发展趋势

2020 年，农林牧渔业用能近 0.68 亿吨标准煤，占终端能源消费总量的 2%。能源消费结构以石油和煤炭消费为主，消费量分别为 0.26 亿、0.18 亿吨标准煤，占农林牧渔业终端能源消费比重分别为 38%、26%，其中石油消费占全国石油消费总量比重约 8%。电能消费为 0.17 亿吨标准煤，电气化率为 26%。

2019 年中国农业综合机械化率为 69%，发达国家普遍在 90%以上，美、日、韩等国已高达 99%，未来中国机械化率增长空间较大，由此产生的能源消耗与碳排放也将进一步增长。近 5 年来，农林牧渔业用能年均增速为 4.2%，用能需求及碳排放呈不断上升趋势。2020 年农林牧渔领域分品种能源结构见图 3-62。

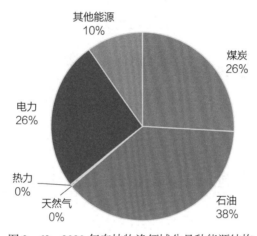

图 3-62   2020 年农林牧渔领域分品种能源结构

未来随着机械化率大幅提升，电排灌、电制茶、电烤烟、电气化大棚等电动化农机大范围应用，种植、养殖等业务基本实现智能化管理，农林牧渔领域形成电动化智能化的发展格局。

3.5.2   电气化发展情景设置

根据未来政策优惠力度、农业智能化自动化发展速度不同，设置低情景、碳中和情景和高情景三种电气化发展情景。低情景下，农机电气化程度较低，能效始终处于较低水平，农林牧渔业领域能源需求不断增长；碳中和情景下，农业机械化率大幅提高，主要农业机械电动化，主要作业过程基本实现智能化自动化管理；高情景比碳中和情景的农机电动化比例更高，实现全面智能化管理。2030、2050、2060 年三种情景主要参数如

表 3-11 所示。

表 3-11　　　　　　　农林牧渔电气化情景参数设置

年份	情景	农林牧渔业 GDP 占总 GDP 比重	单位 GDP 能耗（吨标准煤/万元）	农业综合机械化率	电动机械替代率
2030	低情景			50%	15%
	碳中和情景	5.9%	0.069	75%	20%
	高情景			80%	25%
2050	低情景			75%	30%
	碳中和情景	4.2%	0.045	90%	50%
	高情景			95%	70%
2060	低情景			80%	40%
	碳中和情景	3.8%	0.035	95%	70%
	高情景			98%	75%

3.5.3　电气化路径

经研究测算，到 2030 年，中国农林牧副渔领域的电能消费为 0.18 亿～0.23 亿吨标准煤，综合电气化率为 31%～44%。到 2050 年，电能消费为 0.24 亿～0.32 亿吨标准煤，综合电气化率为 43%～68%。预计农业机械化率大幅提高，大部分地区采用电排灌、电制茶、电烤烟、电气化大棚等电动化农机，种植、养殖等业务基本实现智能化管理。到 2060 年，电能消费为 0.28 万亿～0.33 万亿千瓦时，综合电气化率为 55%～73%。

1. 碳中和情景

电能替代。到 2030、2050、2060 年，农业综合机械化率分别为 75%、90%、95%，其中约 20%、50%、70%的燃油农机由锂电池或氢燃料电池驱动的电动农机替代，农林牧渔领域用电规模为 0.22 万亿、0.31 万亿、0.33 万亿千瓦时，**终端和综合电气化率均分别为 39%、59%、68%**。农林牧渔领域用电规模预测见图 3-63。

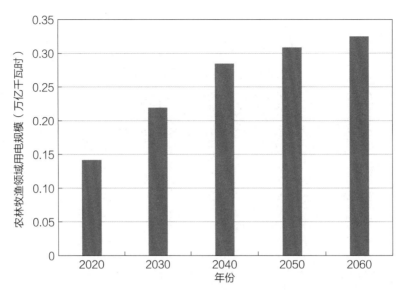

图 3 - 63　农林牧渔领域用电规模预测

能源消费总量。电动农机能效大幅提升，农林牧渔领域能源消费总量持续下降，到 2030、2050、2060 年，能源消费总量分别下降至 0.7 亿、0.64 亿、0.59 亿吨标准煤。

化石能源消费。煤炭与石油消费不断下降，到 2030、2050、2060 年，石油消费分别降至 0.19 亿、0.05 亿、0.02 亿吨标准煤；煤炭消费分别降至 0.14 亿、0.05 亿、0.02 亿吨标准煤。农林牧渔领域能源消费总量和结构预测见图 3 - 64。

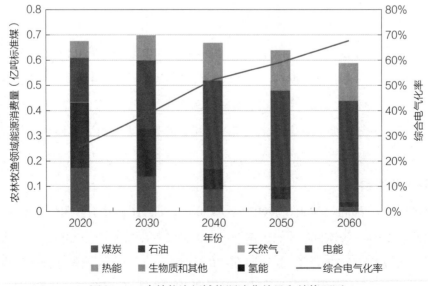

图 3 - 64　农林牧渔领域能源消费总量和结构预测

2. 低情景与高情景

低情景下，到 2030、2050、2060 年，农林牧渔领域能源消费总量分别为 0.72 亿、0.7 亿、0.64 亿吨标准煤。电能消费为 0.18 万亿、0.24 万亿、0.28 万亿千瓦时，终端电气化率和综合电气化率均分别为 31%、43%、55%。煤炭消费为 0.15 亿、0.11 亿、0.07 亿吨标准煤，石油消费为 0.25 亿、0.14 亿、0.07 亿吨标准煤。

高情景下，绝大部分农机电气化，种植、养殖等生产操作过程进入全面自动化智能化管理。到 2030、2050、2060 年，能源消费总量分别为 0.64 亿、0.57 亿、0.56 亿吨标准煤。电能消费为 0.23 万亿、0.32 万亿、0.33 万亿千瓦时。终端电气化率和综合电气化率均分别为 44%、68%、73%。煤炭消费为 0.1 亿、0.01 亿、0 亿吨标准煤，石油消费为 0.16 亿、0.01 亿、0 亿吨标准煤。农林牧渔领域三种情景下的能源消费结构见图 3-65。

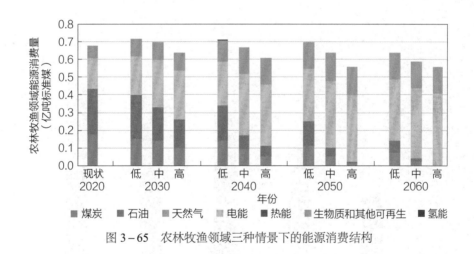

图 3-65　农林牧渔领域三种情景下的能源消费结构

3.6　全社会电气化路径

未来，能源系统向清洁低碳持续演进，为经济社会发展提供充足、经济、稳定、可靠的能源供应保障。电能逐渐取代煤油气成为终端用能主体，高效满足能源需求。电制氢在 2030 年后初具经济性，应用于化工、冶金、航空、工业高品质制热等行业，实现间接电能替代。到 2060 年，全社会各领域实现全面深度电气化。

经研究测算，到 2030 年，中国总用电规模为 11.7 万亿～13.5 万亿千瓦时，综合电气化率为 32%～39%。到 2050 年，中国总用电规模为 17.3 万亿～19.6 万亿千瓦时，综合电气化率为 53%～71%。到 2060 年，总用电规模为 18.5 万亿～21.1 万亿千瓦时，综合电气化率为 65%～83%。

1. 碳中和情景

中国电力需求持续强劲增长。电能在各领域广泛应用，带动电气化水平快速提升。到 2030、2050、2060 年，中国总用电规模分别为 13 万亿、19 万亿、20 万亿千瓦时。到 2030、2050、2060 年，终端电气化率分别为 35%、56%、64%。终端各领域用电规模预测见图 3–66。

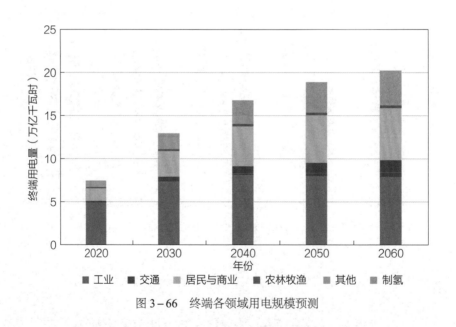

图 3–66　终端各领域用电规模预测

氢能广泛应用于航空、航海、化工等难以直接电气化的用能领域。在政策大力支持下，氢能技术经济性快速提升，在商用车、飞机、炼钢等场景广泛应用。预计到 2030、2050、2060 年，全国氢能消费分别为 880 万、6800 万、8400 万吨，占终端用能比重分别为 1%、9%、13%。综合电气化率分别为 36%、65%、77%。

终端能源消费快速达峰，随后持续下降。电气化发展带动能效快速提升，终端能源消费总量于 2030 年前达峰, 2030 年达到 43.3 亿吨标准煤; 随后快速下降, 到 2050、2060 年, 能源消费总量将分别降低为 35.1 亿、31.6 亿吨标准煤。

终端化石能源逐步退出。到 2030、2050、2060 年, 化石能源分别占能源消费总量的 56%、28%、15%。石油消费于 2030 年前达峰, 到 2030 年达到 9.8 亿吨标准煤, 随后急速下降, 到 2050 年、2060 年分别为 3.8 亿、1.4 亿吨标准煤。煤炭消费 2025 年前达峰后开始下降, 到 2030、2050、2060 年分别为 10.4 亿、2.9 亿、1.3 亿吨标准煤。天然气消费于 2035 年前达峰。到 2030、2050、2060 年分别为 4.1 亿、3 亿、1.9 亿吨标准煤。终端能源消费总量和结构预测见图 3-67。

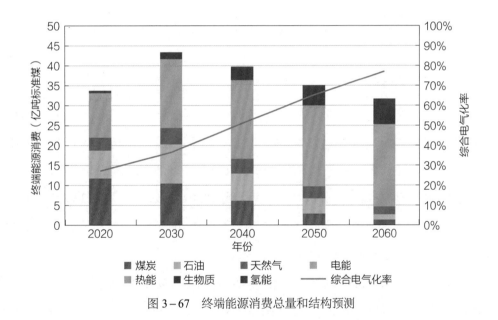

图 3-67　终端能源消费总量和结构预测

分部门来看, 未来交通部门电气化速度最快, 居民与商业部门电气化水平最高。到 2060 年, 工业、交通、居民与商业、农林牧渔部门的能源消费总量分别为 16.8 亿、5 亿、8.7 亿、0.6 亿吨标准煤, 占全国能源消费总量比重分别为 56%、16%、26%、2%。交通部门综合电气化率达到 80%, 较当前的 4% 提升 76 个百分点, 电气化速度最快; 居民与商业部门综合电气化率达到 86%, 电气化水平最高, 较当前提升 36 个百分点; 工业部门和农林牧渔部门综合电气化率稳步提升, 分别达到 73% 和 68%。2060 年各领域能源消费占比见图 3-68。

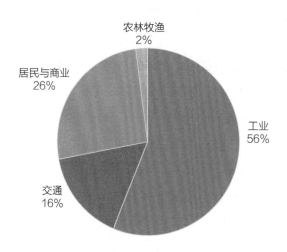

图 3-68   2060 年各领域能源消费占比

2. 低情景与高情景

低情景下，终端电气化水平随技术进步而自然缓慢增长。到 2030、2050、2060 年，全国电能消费分别为 11.7 万亿、17.3 万亿、18.5 万亿千瓦时，终端电气化率分别为 31%、45%、53%，综合电气化率分别为 32%、53%、65%。终端能源消费总量于 2030 年前达峰，峰值为 44.7 亿吨标准煤，随后持续下降，到 2050、2060 年分别为 39.2 亿、34.3 亿吨标准煤。化石能源消费到 2030 年达到 27.4 亿吨标准煤，随后持续下降，到 2050 年、2060 年分别为 15 亿、8.8 亿吨标准煤。

高情景下，各终端用能领域几乎全部电动化，难以直接电能替代的特殊领域，如航空、远距离航运等广泛使用氢能，电气化程度更深、速度更快。到 2030、2050、2060 年，全国电能消费分别为 13.5 万亿、19.6 万亿、21.1 万亿千瓦时，终端电气化率分别为 38%、61%、70%，综合电气化率分别为 39%、71%、83%。终端能源消费总量于 2030 年前达峰，到 2030 年为 42 亿吨标准煤，随后持续下降，到 2050、2060 年分别为 33.4 亿、30.7 亿吨标准煤。化石能源逐步退出，到 2030、2050、2060 年，分别为 22.6 亿、6.9 亿、2.7 亿吨标准煤。三种情景下的综合电气化率见图 3-69，三种情景下的能源消费结构见图 3-70。

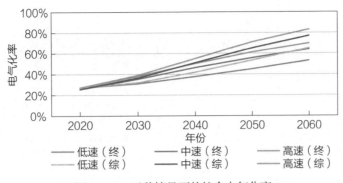

图 3-69 三种情景下的综合电气化率

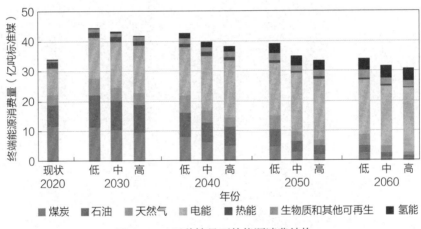

■ 煤炭 ■ 石油 ■ 天然气 ■ 电能 ■ 热能 ■ 生物质和其他可再生 ■ 氢能

图 3-70 三种情景下的能源消费结构

4

系统灵活性贡献

新型电气化将充分释放负荷灵活性调节潜力、有效促进源网荷储多元协同，是推动构建新型电力系统的重要支撑。新型电气化以智能灵活的网荷互动、先进信息通信技术与能源利用相结合，使电力系统负荷由刚性向柔性转变；新型电气化能够极大促进电动汽车、可控负荷等各类用能终端调节资源进一步整合，终端负荷特性逐步从以社会生产生活为主要驱动的"被动型"向具有灵活互动能力的"主动型"转变，推动电力系统运行特性由"源随荷动"单向计划调控转变为源网荷储多元协同互动，促进新型电力系统高质量发展。

4.1 模 型 框 架

为全面深入研究新型电气化负荷灵活性调节潜力与特性，本书提出并构建了新型电气化负荷灵活性调节模型。模型充分考虑用户用能行为习惯、负荷调节特性等约束条件，在不影响用能效果的前提下，动态模拟用户用能习惯与用能效果，对各领域用能行为进行全时域动态仿真，逐小时量化计算未来新型电力系统负荷侧在一年 8760 小时中的灵活可调资源，并量化评估负荷侧调节对电力系统的电源出力、潮流变化、储能装机等重要参数影响以及对电力系统的作用和价值。

新型电气化系统灵活调节模型由负荷侧子模型与面向高比例可再生能源并网的GTEP 子模型两部分构成，其中负荷侧子模型分为电动汽车、电制热（冷）、电制氢、数字基础设施用电四个模块。负荷侧子模型中的四个模块分别与 GTEP 子模型进行数据交互与迭代。负荷侧子模型接收 GTEP 子模型中的净负荷、储能出力等数据，生成系统调节需求数据，用于测算负荷侧灵活性调节潜力；GTEP 子模型接收负荷侧子模型中的负荷调节前后特性，用于测算调节前后装机、发电、成本等参数的变化。通过两个子模型的相互嵌入，新型电气化系统灵活调节模型可充分反映负荷侧调节与电力系统运行的相互作用关系与内在交互影响，测算结果既能够符合用户行为习惯与负荷特性，也贴合电力系统运行需求与发展实际，提高预测的科学性与准确性。

新型电气化系统灵活性潜力测算总体框架见图 4-1。

4.1.1 源网荷储一体化规划子模型

GTEP 子模型以确保用电可靠性为前提、以综合度电成本最低作为优化目标，进行电力电量平衡分析计算。模型以电源装机、电网容量、发输电成本效率数据和可再生能源能源资源禀赋与政策目标为**输入**，统筹电力供需平衡、机组运行、电力传输、机组建设等**约束条件**，以综合度电成本最低作为优化**目标**，采用大规模混合整数规划算法（CPLEX）**优化求解并输出**目标水平年的电源装机结构及 8760 小时的发电结构、潮流变化、燃料消耗及碳排放量等参数。

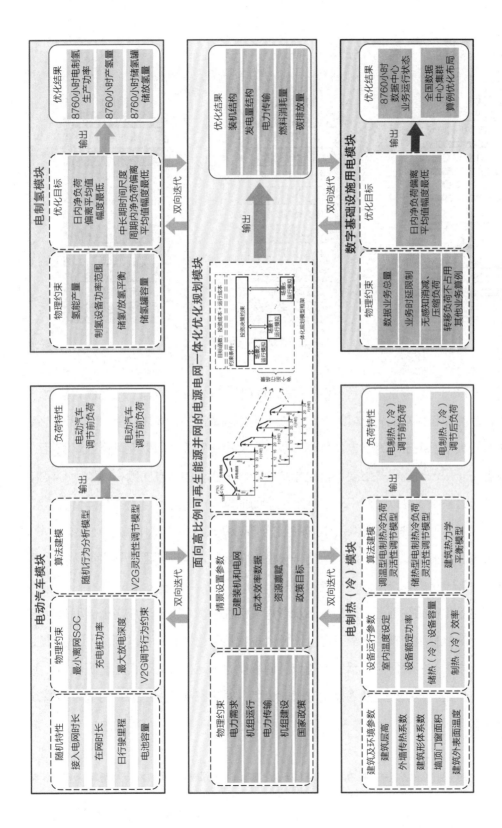

图 4-1 新型电气化系统灵活性潜力测算总体框架

GTEP 子模型主要参数见图 4-2。

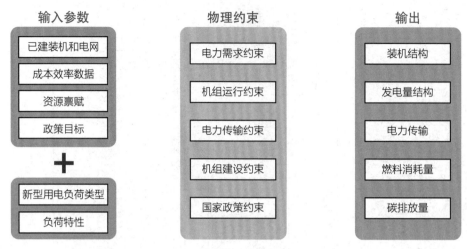

图 4-2　GTEP 子模型主要参数

　　模型结构设计充分考量未来新型电力系统与新型电气化发展特征。电源侧，模型设置的电源机组类型包括常规火电机组、间歇性可再生能源机组、光热机组和储能设备四类，其中常规火电机组主要为煤电、气电、核电和生物质发电，间歇性可再生能源机组主要为风电和光伏，储能设备主要包括电化学储能和抽水蓄能。**电网侧**，模型运行模拟基于多节点电力系统，可以针对不同节点数量下的任意电源布局、电网拓扑等情景，统筹优化系统目标水平年的电源电网结构与潮流分布，实现复杂网络下的电力系统 8760小时运行模拟。**负荷侧**，模型构建负荷侧子模型对接接口，实现新型电气化负荷特性逐场景、逐小时嵌入电力系统全景运行模拟过程。

　　在电力电量平衡的基础上，模型进一步考虑灵活性平衡，更加适应高比例可再生能源接入情景下的运行生产模拟。在可再生能源大规模接入的情景下，电源出力的波动性对系统运行成本具有显著影响，系统的爬坡、调峰能力不足已成为可再生能源消纳的主要瓶颈之一。但是，传统电力规划模型考虑对象是针对化石能源发电为主的电力系统，一般基于负荷持续曲线❶，运行模拟中仅考虑电力电量平衡约束，难以反映灵活性电源

❶ 负荷持续时间曲线表示在规定的时间间隔内，对负荷按大小顺序重新排列后得到的曲线，模型利用其中的最大负荷、最小负荷、累计电量、负荷累计持续时间、负荷出现的概率等负荷信息作为输入，进行生产模拟。

调峰、爬坡及机组启停等工况。为体现可再生能源大规模接入情景下的系统波动特性，GTEP 子模型采用负荷时序曲线❶替代传统方法中的负荷持续曲线，将负荷水平在时序上的变化特性作为重要考量指标，为引入电源调峰与爬坡等灵活性平衡约束条件奠定基础。负荷时序曲线以日进行划分，利用场景削减算法选择若干典型场景，进而组合为年负荷时序曲线，如图 4-3 所示。

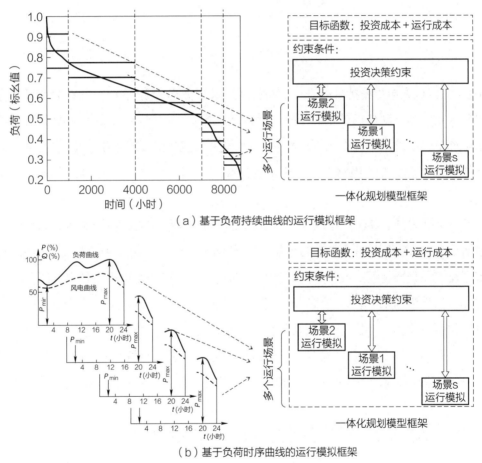

（a）基于负荷持续曲线的运行模拟框架

（b）基于负荷时序曲线的运行模拟框架

图 4-3 基于负荷曲线的运行模拟框架

依托负荷时序曲线，模型在线性运行模拟约束集增加常规火电爬坡约束集和机组启停行为约束集，从而解决传统运行模拟方法中无法考虑爬坡、调峰等电力系统运行约束

❶ 电力系统中负荷数值随时间而变化的特性曲线，模型将负荷曲线形状随时间变化的特性作为输入，实现逐小时运行模拟。

的问题，明确火电机组在新型电力系统中灵活性调节电源的定位，如式（4-1）所示：

$$
\begin{cases}
\sum_{g \in \Omega_i^G} P_{g,t,s}^G \leqslant O_{i,t,s}^G \leqslant \sum_{g \in \Omega_i} Cap_g^G, \forall i, \forall t, \forall s \\[2mm]
0 \leqslant \lambda_i^{G,Min} O_{i,s,t}^G \leqslant \sum_{g \in \Omega_i^G} P_{g,t,s}^G, \forall i, \forall t, \forall s \\[2mm]
O_{i,s,t}^G = O_{i,s,t-1}^G + SU_{i,s,t}^G - SD_{i,s,t}^G, \forall i, \forall t, \forall s \\[2mm]
O_{i,s,t}^G \geqslant \sum_{\tau=1}^{T_i^{G,On}} SU_{i,s,t-\tau}^G, \forall i, \forall t, \forall s \\[2mm]
O_{i,s,t}^G \leqslant \sum_{g \in \Omega_i^G} Cap_g^G - \sum_{\tau=1}^{T_i^{G,Off}} SU_{i,s,t-\tau}^G, \forall i, \forall t, \forall s
\end{cases}
\qquad (4-1)
$$

式中：i 为常规火电机组类型序号；t 为时段序号；s 为运行场景序号；Ω_i^G 为常规火电机组集合；$O_{i,s,t}^G$ 为常规火电机组的在线运行容量；Cap_g^G 为常规火电机组装机容量；$\lambda_i^{G,Min}$ 为常规火电机组的最小出力比例；$SU_{i,s,t}^G$ 为常规火电机组的开机容量；$SD_{i,s,t}^G$ 为常规火电机组的关机容量；$T_i^{G,on}$ 为常规火电机组的最短开机时间；$T_i^{G,off}$ 为常规火电机组的停机时间。

基于上述方法，GTEP 子模型可实现高比例可再生能源电力系统的多时间尺度、广域空间范围、多能源品种下的运行模拟。模型充分考虑风光出力随机波动的特性以及能源资源及空间分布特征，统筹多能源品种电源间的互补融合，可满足各类能源空间转移形式差异化建模需求，并为构建广域互联的电网拓扑创造平台。根据情景设置需求，模型可优化不同类型、不同储能时间的储能容量配置与空间布局。模型负荷侧可在 8760 小时时间尺度内任意设置用电需求及负荷空间分布，并可依托负荷侧子模型接口实现 GTEP 子模型与负荷侧子模型无缝对接与双向互动。

4.1.2　考虑 V2G 调节惯性的电动汽车负荷模型

电动汽车停靠时间长且配置储能电池，具有双向调节和响应速度快的特点。电动汽车停靠并接入电网期间，在保障自身出行需求的前提下，可以调动闲置的动力电池，在系统负荷高峰期放电支撑电网供电，在低谷期充电补充出行和放电消耗的电量，通过"源-荷"角色的灵活变换与电网进行友好互动，为电网提供短时灵活性调节能力，即实现 V2G 调节，持续时间可跨越秒级到数小时。

| 专栏 4.1 | 北京中再大厦车网互动示范项目 |

　　截至 2021 年上半年，全国共有 15 个省市建设了 42 个 V2G 项目、609 个 V2G 终端，共有近 4000 台电动车参与过车网互动，其中北京中再大厦车网互动示范项目是全国首座 V2G 商业化运营项目。

　　北京中再大厦车网互动示范项目于 2020 年 6 月开始运营，示范站目前公示的电价显示，在用电低谷时段（晚上 22:00—次日早上 7:00），电价为 0.3023 元/千瓦时，在高峰时段（上午 10:00—下午 15:00，下午 18:00—晚上 21:00），电价为 1.4167 元/千瓦时，平时段为 1.2884 元/千瓦时。电动汽车在峰时段放电，放电价格为 0.7 元/千瓦时。在谷充峰放的状态下，车主每度电能赚近 0.4 元。

　　电动汽车负荷特性涉及因素复杂，总体上受用户行为特性、技术与基础设施水平、电网调节需求三方面影响。**用户行为特性**是影响负荷特性的首要因素，涉及电动汽车接入电网时间、在网时长、日行驶里程、充电频次，以及参与 V2G 调节后的最小离网 SOC、最大放电深度、参与调节意愿度等，其随机性与不确定性较强。日行驶里程和充电频次决定接入电网 SOC 与充电电量。日行驶里程越高、充电频次越低，则充电前的耗电量越高，这意味着初始 SOC 越小、所需充电电量越高。最小离网 SOC、最大放电深度和参与调节意愿度直接影响 V2G 可调节资源量，其中前两个指标分别决定了电动汽车在接入电网后累计和单次放电时间。最小离网 SOC 越低，电动汽车所需的净充电电量越少，在接网时段内累计放电时间就越长；最大放电深度越高，则电动汽车单次持续放电时间越长。

　　技术与基础设施水平主要由电池容量、单位里程电耗量、充电桩额定功率三个参数表征，其中，单位里程电耗量和电池容量也是影响充电电量重要指标。日均里程数恒定下，单位里程电耗量越大，则电动汽车耗电量越高、所需充电电量越大。

　　此外，相同初始 SOC 百分比下，较大的电池容量也意味着所需充电电量进一步提升。**电网调节需求**由 GTEP 模型结合净负荷与储能出力数据生成。电动汽车根据电网需求，统筹并量化各类潜在复杂影响因素，通过逐小时动态仿真模拟电动汽车参与调节前后的充放电行为，测算 8760 小时充放电功率数据并进行全时域求和，从而生成电动汽车参与系统调节前后的 8760 小时全局负荷特性，并同步更新 GTEP 子模型负荷侧数据与电网调节需求数据，形成闭环模拟。考虑 V2G 调节惯性的电动汽车负荷模型框架见图 4-4。

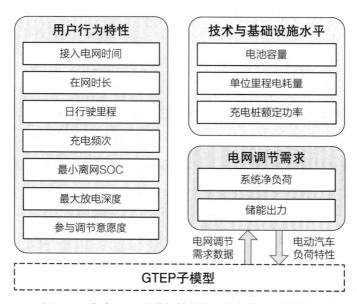

图 4-4　考虑 V2G 调节惯性的电动汽车负荷模型框架

从架构上看，模型由**随机行为分析模型**与 **V2G 灵活性调节模型**两部分构成。

1. 随机行为分析模型

模型采用蒙特卡洛算法构建电动汽车随机行为分析模型，还原用户不确定行为随机特征。模型通过对用户行为习惯的观察或抽样试验以及动力电池技术发展趋势研判，计算电动汽车日接入电网时间、日在网时长、日行驶里程、电池容量等参数的概率分布，并从概率分布中重复生成随机参数。其中，电动汽车在网时长、电池容量与日行驶里程服从高斯分布，即

$$f_s(\xi) = \frac{1}{\sigma\sqrt{2\pi}} \exp\left[\frac{(\xi-\mu)^2}{2\sigma^2}\right] \quad (4-2)$$

式中：μ 和 σ 分别为高斯分布的期望和标准差。电动汽车首次接入电网初始剩余电量与动力电池容量、日行驶里程数呈线性关系，因此也服从式（4-3）高斯分布。电动汽车每日接入电网时间服从加权高斯混合分布，即

$$f_s(\xi) = \sum_{i=1}^{K} \frac{k_i}{\sigma_i \sqrt{2\pi}} \exp\left[\frac{(\xi - \mu_i)^2}{2\sigma_i^2}\right] \qquad (4-3)$$

式中：K 为高斯分布组件数量（本研究中 $K=3$）；k_i 为第 i 个高斯分布的权重；μ_i 和 σ_i 分别为第 i 个高斯分布的期望和标准差。

2. V2G 灵活性调节模型

在考虑用户出行需求基础上，模型 V2G 调节策略进一步加入 V2G 调节惯性约束，充分计及 V2G 行为调节结束后对电力系统的后续影响。电动汽车在参与 V2G 调节的实际场景中，在网时间往往难以完全覆盖电网高峰期和低谷期以充分实现削峰填谷，电动汽车高峰期放电后，出行需求约束有一定概率导致车辆集群在后续次高峰期集中充电，引起新的高峰负荷，使调节结果背离系统所需。因此，在以当下电力系统需求为调节目标、用户出行需求为主要约束的基础上，本模型新增 V2G 调节惯性约束，使 V2G 计及对电力系统的后续影响，约束条件如式（4-4）所示：

$$\begin{cases} P_{ev}(n,t) \leqslant P_{evb}(n,t) & t \in \{t \mid P_{evb}(n,t) > 0, t \in T_{on}\} \\ \sum_{n'=1}^{n} P_{ev}(n',t) \leqslant L_{\lim(+)}(t) - L(t) & t \in \{t \mid P_{evb}(n,t) = 0, t \in T_{on}\} \end{cases} \qquad (4-4)$$

式中：n 为汽车序号；t 为时间；$P_{evb}(n, t)$ 为不参与调节时电动汽车充电功率；$P_{ev}(n, t)$ 为参与 V2G 后电动汽车充电功率（充电为正，放电为负）；$L_{\lim(+)}(t)$ 为区域内净负荷最高限值；$L(t)$ 为区域内净负荷值。不符合惯性约束条件的电动汽车停止 V2G 放电调节，仅优化自身充电行为。在电动汽车单次接入电网的时段内，模型结合 GTEP 子模型调节需求数据，各时刻目标调节功率按降序更新序列：

$$[P'_{sf}(n,k), I(n,k)] = sort[P_{sf}(n,t)], t \in T_{on} \qquad (4-5)$$

式中：$P_{sf}(n, t)$ 为系统所需的负荷削减量；$P'_{sf}(n, k)$ 是 $P_{sf}(n, t)$ 排序后新序列；k 为序号；$I(n, k)$ 为序号 k 对应的时刻。基于式（4-5），电动汽车充电策略及 SOC 变化如式（4-6）所示：

$$P_{ev}(n,t) = \begin{cases} P_{chg} & t = \{I(n,k) \mid k \in [I(n,1), I(n,k_0)]\} \\ 0 & t = \{I(n,k) \mid k \notin [I(n,1), I(n,k_0)]\} \end{cases} \qquad (4-6)$$

$$SOC_{ev}(n,t) = SOC_0(n) + \sum P_{ev}(n,t)\Delta t \qquad (4-7)$$

其中对于 k_0，有

$$SOC_0(n) + \sum_{k=1}^{k_0} P_{sf}[I(n,k)]\Delta t = Cap_{ev}(n) \qquad (4-8)$$

式中：P_{chg} 为充电桩额定功率；$SOC_0(n)$ 为接入电网初始 SOC；$SOC_{ev}(n, t)$ 为不参与调节时电动汽车 SOC；$Cap_{ev}(n)$ 为电池容量。考虑 V2G 调节惯性约束的调节策略如图 4-5 所示。

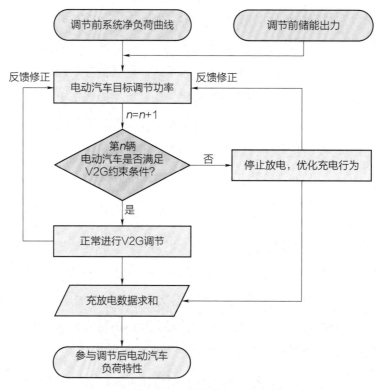

图 4-5　考虑 V2G 调节惯性约束的调节策略

模型可充分平衡用户侧与系统侧需求，高度还原电动汽车参与 V2G 调节后的 8760 小时负荷真实特性。模型充分考虑用户随机行为特征，对计划离网时刻的剩余电量及电池最大放电深度进行了强约束，满足实际环境中用户计划及临时出行需求。模型强化了电动汽车与电力系统间的内部耦合，在有效避免 V2G 对电力系统负面影响的前提下，最大化调用电动汽车灵活性调节能力。模型力图还原所有电动汽车在 8760 小时内的行为、状态与调节成效，使 V2G 调节过程具备全对象、全要素、全时域的可观测性。

4.1.3 基于建筑热平衡的电制热（冷）负荷模型

电制热（冷）负荷模型考虑了建筑热平衡特性，负荷特性受建筑与环境特性、设备运行特性影响。建筑特性相关参数主要包括建筑层高、墙顶门窗传热系数❶、建筑形体系数❷、墙顶门窗面积占比，其中建筑层高与建筑形体系数决定房间内部对室外的总传热面积，墙顶门窗面积占比和传热系数相结合可以得到房间内部对室外的平均传热系数，这些参数共同影响建筑外墙两侧单位温差下的传热速率❸。环境特性相关参数主要考虑建筑外表面温度，忽略阳光辐射直射对室内温度的影响，房间内部与室外的热传递❹主要通过建筑外墙内外表面热传导方式实现，内外表面温差越大，则传热速率越快。设备运行特性相关参数主要包括电制热（冷）设备目标调节温度、设备效率、设备额定功率，对于配套储热（冷）设施的制热（冷）设备，还需要考虑储热（冷）设备容量。

以建筑热平衡为约束，考虑电制热（冷）设备与外界环境特性，实现电制热（冷）功率–室内温度深度耦合。在统筹考虑建筑与环境特性、设备运行特性相关因素影响的基础上，模型构建了"建筑热平衡计算模块–室内温度–电制热（冷）计算模块–设备运行功率–建筑热平衡计算模块"闭环框架体系，制热（冷）功率实时影响并控制室内温度变化，温度进一步反作用于制热（冷）功率，使制热（冷）功率随温度实时调整。仿真模拟过程中，室内温度与设备运行功率的相互、实时反馈，实现电制热（冷）过程全闭环循环模拟，从而最大程度还原电制热（冷）负荷在一年8760小时中的真实特性，并同步记录室内温度在一年8760小时中的变化情况，如图4-6所示。

---

❶ 传热系数是指在稳定传热条件下，围护结构两侧空气温差为1℃，单位时间内通过单位面积传递的热量。

❷ 建筑物与室外大气接触的外表面积与其所包围的体积的比值。它实质上是指单位建筑体积所分摊到的外表面积。体积小、体形复杂的建筑，以及平房和低层建筑，体形系数较大，对节能不利；体积大、体形简单的建筑，以及多层和高层建筑，体形系数较小，对节能较为有利。

❸ 建筑外墙两侧单位时间的换热量，等于传热面积与传热系数的乘积。

❹ 热传递主要存在三种基本形式：热传导、热辐射和热对流。

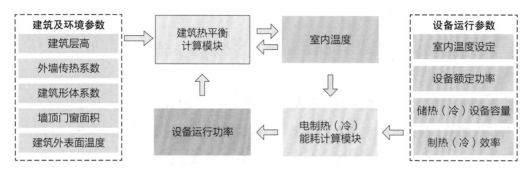

图4-6   电制热（冷）负荷模型框架

1. 建筑热平衡模型

自然状态下，室内温度变化主要由建筑自身的对外传热速率与储热性决定。当建筑物外侧温度高于内侧温度时，室内从外部吸热，反之散热。总传热面积越大、传热系数越高，单位温差下的传热速率越快。室内温度变化速度取决于建筑的储热特性，该特性可由总热容量❶参数表征，在室内吸收（发散）相同热量的情况下，室内总热容量越大，温度提升（下降）幅度越小。

电制热（冷）设备作用于室内温度调节，使室内温度达到用户设定的目标状态，并维持该状态下的热平衡。在供暖季，室内温度低于目标调节温度时，则电制热设备启动并将室内温度维持在目标调节温度，达到制热－散热平衡态；反之，在供冷季，室内温度高于目标调节温度时，则电制冷设备启动，达到制冷－吸热平衡态。对于区域内第 n 户，考虑室内电制热（冷）设备功率与内外侧温度传导，建筑热平衡过程可用式（4-9）表达

$$T_{\text{in}}(n,t) = T_{\text{in}}(n,0) + \int \frac{[P_{\text{ele}}(n,t) \cdot \eta_{\text{hc}} + P_{\text{loss}}(n,t)]}{C(n)} \mathrm{d}t \qquad (4-9)$$

式中：$C(n)$ 为室内总热容量，为室内所有物体比热容与质量的乘积；$T_{\text{in}}(n,t)$ 为时刻 t 室内温度；$P_{\text{ele}}(n,t)$ 为时刻 t 电制热（冷）设备功率；η_{hc} 为制热（冷）设备效率；$P_{\text{loss}}(n,t)$ 为传热速率；并且有

$$P_{\text{loss}}(n,t) = k_0(n) \cdot F_{\text{ex}}(n) \cdot [T_{\text{out}}(n,t) - T_{\text{in}}(n,t)] \qquad (4-10)$$

---

❶ 热容量，也称热容，在一个系统中，温度升高(或降低)1℃所吸收(或放出)的热量即是这个系统在该过程中的热容量。

$$k_0(n) = k_{\text{wall}}(n) \cdot \lambda_{\text{wall}}(n) + k_{\text{roof}}(n) \cdot p_{\text{roof}}(n)$$
$$+ k_{\text{win}}(n) \cdot p_{\text{win}}(n) + k_{\text{door}}(n) \cdot p_{\text{door}}(n) \tag{4-11}$$

$$F_{\text{ex}}(n) = E_{\text{form}}(n) \cdot S_{\text{in}}(n) \cdot h(n) \tag{4-12}$$

式中：$k_0(n)$为平均传热系数；$k_{\text{wall}}(n)$、$k_{\text{roof}}(n)$、$k_{\text{win}}(n)$、$k_{\text{door}}(n)$分别为墙体、屋顶、窗、门的传热系数；$\lambda_{\text{wall}}(n)$、$\lambda_{\text{roof}}(n)$、$\lambda_{\text{win}}(n)$、$\lambda_{\text{door}}(n)$分别为墙体、屋顶、窗、门面积占外墙面积比重；$F_{\text{ex}}(n)$为外墙面积；$S_{\text{in}}(n)$为室内面积；$h(n)$为室内层高；$E_{\text{form}}(n)$为用户所在建筑形体系数。

2. 电制热（冷）灵活性调节模型

电制热（冷）灵活性调节模型可在不同设备特性、外界温度、建筑参数、系统与用户需求、用户行为等多重确定与不确定因素交织的复杂状况下，仿真模拟电制热（冷）灵活性调节过程。模型仿真模拟以第三章测算的供暖制冷建筑面积以及各类制热制冷设备配置情况为基础，统筹考虑各类设备在用户中的分布情况，细节展现不同设备工作效率的差异性。模型结合用户用能习惯，利用蒙特卡洛随机模拟法生成用户电制热（冷）设备开机时间，根据用户设定的室内温度目标，在外界环境温度❶实时变化的客观条件下，结合不同建筑相关特性逐用户群模拟电制热（冷）设备工况及室内温度变化。灵活性调节过程中，电制热（冷）模型以用户体感舒适度为首要前提，在严格监测、约束室内温度变化幅度的基础上响应系统灵活性调节需求。

电制热（冷）设备参与负荷灵活性调节的机制可以分为基于调温和基于储热（冷）两类。基于调温的电制热（冷）设备主要包括电锅炉、大型热泵、热泵、地暖、电暖气、空调与中央空调，这些负荷没有配套储热（冷）设施，其参与调节的机制是利用建筑物热惯性，在室温保持舒适区间的前提下短时关停或小幅降低（升高）目标室温，因此只能响应系统削峰需求。基于储热的电制热（冷）设备主要包括蓄热电锅炉和冰蓄冷空调，这些设备配置了储热（冷）装置，相当于额外配置储能，热源蓄热时间长达数小时，可在不影响室温的前提下向系统提供短时（小时级）调节能力，可满足系统削峰和填谷需求，灵活性调节效果更加显著。

基于调温的设备在保障用户体感舒适度的前提下，通过调控目标调节温度响应系统负荷削减需求，参与调节时室温不低于最低目标调节温度或不高于最高目标调节温度。

---

❶ 各地区外界环境温度由全球能源互联网发展合作组织全球清洁能源开发评估平台统计、测算。

以电制热为例，负荷高峰时段，调温型设备在接受系统调节信号后，设备目标调节温度由 $T_{set}(n)$ 下调至 $T'_{set}(n)$，电制热设备感知室内温度高于目标调节温度，功率降为零以实现削峰，室内温度在与室外交互热量过程中自然下降，即

$$\begin{cases} T_{in}(n,t) = T_{set}(n) + \int \dfrac{P_{loss}(n,t)}{C(n)}dt \\ P_{ele}(n,t) = 0 \end{cases} \quad (4-13)$$

基于调温的电制热负荷模型调节机制见图 4-7。

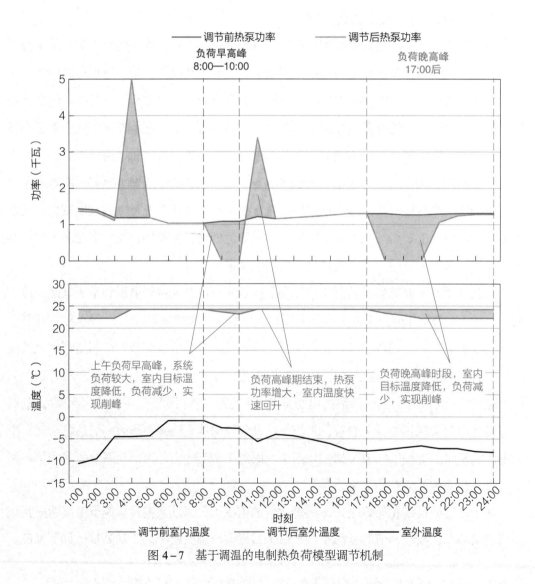

图 4-7　基于调温的电制热负荷模型调节机制

当室内温度下降至新的目标调节温度 $T'_{set}(n)$，电制热功率上升以平衡散热量。此时由于室内外温度差减少，单位时间内室内热量的损耗也进一步降低，电制热设备功率较调节前有所下降，继续保持一定的削峰作用。高峰期结束，室内目标调节温度调回至 $T_{set}(n)$，电制热设备恢复正常工况，室内温度回升，如式（4-14）所示，直至室内温度回升至目标调节温度 T_{set}，室内外热量交换达到新的平衡状态：

$$\begin{cases} T_{in}(n,t) = T'_{set}(n) + \int \dfrac{P_{ele}(n,t) + P_{loss}(n,t)}{C(n)} \mathrm{d}t \\ P_{ele}(n,t) = P_{rate}(n) \end{cases} \quad (4-14)$$

基于储热的设备依靠储热装置响应系统削峰与填谷需求，调节过程中设备制热（冷）部分保持正常工况，不影响目标调节温度。以电制热为例，在负荷低谷时段，蓄热电锅炉满负荷受入电网电力，优先满足用户供热需求，并将多余制热量储存在储热罐中，以增加低谷时段负荷量、充分发挥填谷作用，储热罐工况如下：

$$\begin{cases} P_{sto}(n,t) = P_{rate}(n) - P_{ele}(n,t) & \begin{matrix} SOC_{hc}(n,t) < Cap_{hc}(n) \\ \cap P_{rate}(n) > P_{ele}(n,t) \end{matrix} \\ P_{sto}(n,t) = 0 & \begin{matrix} SOC_{hc}(n,t) = Cap_{hc}(n) \\ \cup P_{rate}(n) = P_{ele}(n,t) \end{matrix} \end{cases} \quad (4-15)$$

式中：$P_{sto}(n,t)$ 为储热罐储热功率；$SOC_{hc}(n,t)$ 为储热罐储热量；$Cap_{hc}(n)$ 为储热罐容量。当电网在负荷高峰时段发出降负荷需求信号时，蓄热电锅炉优先使用储热罐热量供热，减少或停止电网电力受入，以响应电网削峰调节需求，仅在储热量不足时利用电网电力进行补充，期间不影响室内目标调节温度，储热罐工况如下：

$$\begin{cases} P_{sto}(n,t) = -P_{ele}(n,t) & SOC_{hc}(n) > 0 \\ P_{sto}(n,t) = 0 & SOC_{hc}(n) = 0 \end{cases} \quad (4-16)$$

在参与调节过程中，建筑热平衡状态全程不发生变化，基于储热的电制热负荷为制热功率和储热功率之和，即

$$P_{hc}^{load}(n,t) = P_{ele}(n,t) + P_{sto}(n,t) \quad (4-17)$$

基于储热的电制热负荷模型调节机制见图4-8。

模型将建筑、热学、电气三方面要素充分融合，还原电制热（冷）真实场景，模拟电制热（冷）负荷灵活性调节、室内外热量传导及室内温度变化全过程。模型将各用户

室内温度变化情况作为重要指标，基于建筑热力学原理，仿真模拟电制热（冷）在供暖（制冷）与参与系统灵活性调节的 8760 小时中，建筑热量传递、能量转换与温度变化情况，实现各用户室内热量、温度与负荷功率变化细节全过程追踪。通过将供暖季、制冷季所有电制热与电制冷负荷进行聚合，可得到调节前后区域内 8760 小时的全局电制热（冷）负荷特性，实现调节能力量化评估，支撑其对电力系统影响的进一步分析。

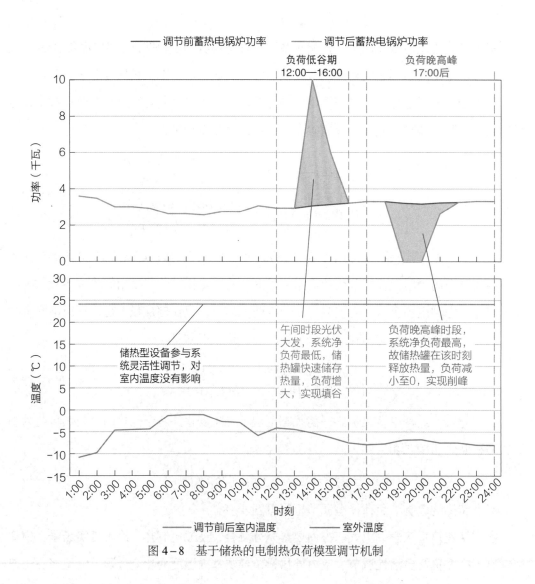

图 4-8　基于储热的电制热负荷模型调节机制

4.1.4　电制氢优化模型

电制氢作为生产性工业负荷，不确定性与随机性较小，生产企业可通过优化制氢储氢流程实现灵活性调节。电制氢设备可通过环控装置维持温度，停机数十分钟后经快速热启动重新投入生产，具备分钟级可中断能力。电制氢设备运行温度点与功率点可调，范围通常在额定功率的 5%～100%。利用储氢罐，电制氢生产过程可在不影响一定时间尺度周期内氢能总产量的基础上，在日内及该时间尺度周期内提供灵活性调节能力，在新能源大发、净负荷低谷期间，企业增大制氢设备功率、提升单位时间制氢量，同时储存盈余氢能；在负荷高峰期间，企业减少电制氢功率与单位时间制氢量，利用储存的氢能补偿下游所需，实现高比例新能源电力系统负荷波动的有效抑制。通过优化自身生产流程与储氢罐充放氢管理，电制氢企业可最大程度响应系统调节需求、降低生产成本。

专栏 4.2　　英国 HyAI 氢管理平台项目
发挥电制氢调节作用

HyAI 是一个人工智能驱动的氢管理平台，为 H2GO 电力公司、欧洲海洋能源中心（EMEC）和伦敦帝国理工学院的合作项目，并由英国创新署和可持续创新基金资助。项目于 2020 年 10 月启动，2021 年 7 月完成。该平台集成到了位于英国奥克尼岛伊代岛的 EMEC 制氢工厂中，并作为一个完全集成的试点进行测试，通过整合天气数据、电价和来自 EMEC 在苏格兰奥克尼岛的制氢厂的能源数据，使用人工智能算法预测未来电力成本和用户需求以优化制氢和储氢。第一组试验结果显示，HyAI 可以提高制氢的成本效益，减轻电网压力，提高可再生能源占比。

电制氢负荷模型框架见图 4−9。

图 4-9　电制氢负荷模型框架

模型基于多目标优化算法模拟全年生产过程，在保证氢能生产的基础上最大程度调用灵活性调节潜力。模型以氢能产量、制氢设备功率范围、储氢/放氢平衡、储氢罐容量为约束，结合电-氢转换效率等电制氢负荷相关特性，统筹优化制氢储氢过程，输出最优生产模式下的 8760 小时电制氢生产功率、产氢量与储氢罐储放氢量。模型优化目标为日内和中长期时间尺度周期内净负荷偏离平均值幅度最低，目标函数如式（4-18）所示：

$$\begin{cases} \forall i: \min \displaystyle\int_{t\in \text{day}(i)} |\dfrac{1}{24}\displaystyle\int_{t\in \text{day}(i)} L_{\text{p\_0}}(t)\,\mathrm{d}t - [L_{\text{p\_0}}(t)+L_{\text{p2x\_1}}(t)-L_{\text{p2x\_0}}(t)]|\,\mathrm{d}t \\[3mm] \forall j: \min \displaystyle\int_{t\in \text{cycle}(j)} |\dfrac{1}{C}\displaystyle\int_{t\in \text{cycle}(j)} L_{\text{p\_1}}(t)\,\mathrm{d}t - [L_{\text{p\_1}}(t)+L_{\text{p2x\_2}}(t)-L_{\text{p2x\_1}}(t)]|\,\mathrm{d}t \end{cases} \quad (4-18)$$

式中：$L_{\text{p\_0}}(t)$ 为调节前净负荷；$L_{\text{p\_1}}(t)$ 为日内调节后的净负荷；$L_{\text{p2x\_0}}(t)$ 为调节前电制氢负荷；$L_{\text{p2x\_1}}(t)$ 为日内调节后的电制氢负荷；$L_{\text{p2x\_2}}(t)$ 为中长期时间尺度调节后的电制氢负荷；C 为中长期时间尺度周期。

目标函数优化需要满足电制氢设备功率调节范围限制、储氢罐容量限制等基本约束条件，制氢功率应在设备可调范围内，且储氢量不超过储氢罐容量。此外，电制氢生产过程还需要保证调节后氢能总产量与调节前保持一致，且日内及周期内储氢罐储氢量与放氢量保持平衡，即满足式（4-19）和式（4-20）约束：

$$\begin{cases} \displaystyle\int_{t\in \text{cycle}(j)} L_{\text{p2x\_2}}(t)\cdot \eta_{\text{hy}}\cdot k_{\text{tras}}\,\mathrm{d}t = \displaystyle\int_{t\in \text{cycle}(j)} L_{\text{p2x\_1}}(t)\cdot \eta_{\text{hy}}\cdot k_{\text{tras}}\,\mathrm{d}t \\[3mm] \displaystyle\int_{t\in \text{day}(i)} L_{\text{p2x\_1}}(t)\cdot \eta_{\text{hy}}\cdot k_{\text{tras}}\,\mathrm{d}t = \displaystyle\int_{t\in \text{day}(i)} L_{\text{p2x\_0}}(t)\cdot \eta_{\text{hy}}\cdot k_{\text{tras}}\,\mathrm{d}t \end{cases} \quad (4-19)$$

$$
\begin{cases}
\displaystyle\int_{\substack{t\in\mathrm{day}(i),\\ P_{\mathrm{charge}}(t)>0}} P_{\mathrm{charge}}(t)\,\mathrm{d}t = -\int_{\substack{t\in\mathrm{day}(i),\\ P_{\mathrm{charge}}(t)<0}} P_{\mathrm{charge}}(t)\,\mathrm{d}t \\[2em]
\displaystyle\int_{\substack{t\in\mathrm{cycle}(j),\\ CP_{\mathrm{charge}}(t)>0}} CP_{\mathrm{charge}}(t)\,\mathrm{d}t = -\int_{\substack{t\in\mathrm{cycle}(j),\\ CP_{\mathrm{charge}}(t)<0}} CP_{\mathrm{charge}}(t)\,\mathrm{d}t
\end{cases}
\tag{4-20}
$$

式中：η_{hy} 为制氢设备效率；k_{tras} 为电-氢转换系数（单位为千克/千瓦时）；$P_{\mathrm{charge}}(t)$为储氢罐参与日内调节时单位时间输入储氢罐的氢量；$CP_{\mathrm{charge}}(t)$为储氢罐参与中长期时间尺度调节时单位时间输入储氢罐的氢量，当储氢罐输出氢气时，上述参数为负。

基于该模型，电制氢灵活性调节潜力测算可统筹考虑企业生产计划、电制氢设备发展水平、储氢罐配置容量、电-氢转换效率等多重因素，兼顾电制氢企业利益与电力系统需求，在电制氢企业极低成本参与系统调节的条件下，优化 8760 小时电-氢转换与储放氢过程，量化评估电制氢灵活性调节最大潜力。

4.1.5 数字基础设施用电负荷模型

数字基础设施用电作为商业性负荷，不确定性与随机性较小，数据中心可通过优化布局和业务实现灵活性调节。数字基础设施用电负荷具有空间和时间灵活特性。在空间布局上，数据中心可通过对时延要求相对较低的业务进行空间转移，算力由东部向西部转移，形成"东数西算"全国一体化算力网络。在时间尺度上，针对不同业务运行方式，数据中心可在满足计算任务对计算资源和数据资源需求的条件下，通过更改工作负载的处理计划，将部分可调工作负载从高峰时段推迟到低谷时段，实现需求侧响应。数字基础设施用电负荷模型框架见图 4-10。

图 4-10 数字基础设施用电负荷模型框架

模型基于采用多目标优化算法模拟数据中心全年运行过程，在保证不影响数据中心各类业务的基础上最大程度调用灵活性调节潜力。模型首先以数据中心算力、数据中心集群分布、总业务量、业务时延阈值为约束，结合数据中心各类业务运行相关特性，得出"东数西算"转移算力，进而完善数据中心服务器机架布局。模型优化目标为总延时越大的业务和算力，向越远、新能源装机越多的数据中心集群地转移。目标函数优化需要满足数据中心业务时延限制这一基本约束条件，即满足以下约束函数，如式（4–21）所示：

$$T = T_{ti} + T_{di} + T_{qi} \leqslant T_{max} \quad \forall i \in I \qquad (4-21)$$

式中：T 为总时延；T_{ti} 为传输时延；T_{di} 为路由时延；T_{qi} 为排队时延；T_{max} 为数据中心业务允许的最大时延阈值；i 为数据中心的服务器机架集合；I 为数据中心集群的集合。

模型优化目标为日内时间尺度周期内净负荷偏离平均值幅度最低，目标函数如式（4–22）所示。

$$\forall j: \min \int \left| \frac{1}{24} \int L_{p\_0}(t)\mathrm{d}t - [L_{p\_0}(t) + L_{p2x\_1}(t) - L_{p2x\_0}(t)] \right| \mathrm{d}t \, t \in \text{day}(j) \qquad (4-22)$$

式中：$L_{p\_0}(t)$ 为调节前净负荷；$L_{p2x\_0}(t)$ 为调节前数字基础设施用电负荷；$L_{p2x\_1}(t)$ 为日内调节后的数字基础设施用电负荷。

数据算力空间布局优化后，进一步开展数据中心灵活调节能力优化。目标函数优化需要满足数据中心负荷削减和压缩在无感知情况下进行，负荷转移需要满足调节后业务总量与调节前保持一致，且不占用转移后其他业务算力，即满足以下约束函数，如式（4–23）所示：

$$\begin{cases} L_x + L_y \leqslant L_{lim} \\ L_z + L_{now} \leqslant L_{max} \end{cases} \qquad (4-23)$$

式中：L_x 为数字基础设施用电可消减负荷；L_y 为数字基础设施用电可压缩负荷；L_{lim} 为数字基础设施用电负荷总量；L_z 为数字基础设施用电可转移负荷；L_{now} 为转移后当时负荷；L_{max} 为数字基础设施用电当时满算力运行负荷。

基于该模型，数据中心灵活性调节潜力测算可统筹数据中心集群布局、数据中心整体算力要求、各类业务时延要求等多重因素，兼顾数据中心利益与电力系统需求，在不影响数据中心业务与系统调节的条件下，优化 8760 小时数据业务工作，量化评估数字基础设施用电灵活性调节最大潜力。

4.2 分领域灵活性

4.2.1 工业领域

1. 电制氢

（1）情景设置

电制氢生产过程可调节制氢设备功率，并依托储氢罐充当氢缓冲载体，在系统净负荷高峰期削减制氢负荷、净负荷低谷期提升制氢功率，实现灵活性调节。基于电制氢优化模型，综合考虑技术发展、政策支持、基础设施发展等因素影响，将 2050 年电制氢参与系统调节的发展趋势分为高情景、中情景、低情景，如表 4－1 所示。

表 4－1   2050 年电制氢参与系统灵活性调节参数

情景	电制氢产量（万吨）							中长时间尺度调节周期（天）	电制氢功率调节范围	储氢罐容量（天，即储存多少天的生产量）
	东北	华南	华北	西北	华东	华中	西南			
低情景									15%～100%	1
中情景	378	1199	1944	1285	2009	756	529	10	10%～100%	2
高情景									5%～100%	3

（2）调节效果

中情景下，电制氢参与调节后，全国电制氢负荷高峰期，集中于中午低谷时段，扣除风光出力的净负荷最大值由调节前的 19.5 亿千瓦降至 18.2 亿千瓦，减小 1.3 亿千瓦；最小值由 －19.4 亿千瓦至 －18.6 亿千瓦，提升 7786 万千瓦，净负荷峰谷差缩小 2.12 亿千瓦，详细数据如表 4-2 所示。高情景与低情景下，净负荷峰谷差分别缩小 2.16 亿千瓦和 2.08 亿千瓦。

表 4-2　　　　　　　　　中情景下电制氢调节各区域仿真结果

项目	东北	华南	华北	西北	华东	华中	西南	全国
净负荷最大值削减量（万千瓦）	498	2305	3737	2471	1922	182	1017	13445
净负荷最大值削减量占净负荷最大峰谷差比重	1.2%	4.8%	2.7%	1.9%	2.2%	0.4%	5.8%	3.5%
净负荷最小值提升量（万千瓦）	363	1152	1869	1235	1931	727	509	7786
净负荷最小值提升量占净负荷最大峰谷差比重	0.9%	2.4%	1.3%	0.9%	2.3%	1.5%	2.9%	2.0%

（3）等效储能装机

中情景下，电制氢参与调节后，全国储能装机总量由调节前的 10 亿千瓦下降至 8.6 亿千瓦，减少 1.34 亿千瓦。低情景和高情景储能装机分别减少 1.33 亿、1.36 亿千瓦，详细数据如表 4-3 和表 4-4 所示。中情景下全国典型周电制氢负荷曲线和净负荷曲线见图 4-11 和图 4-12。

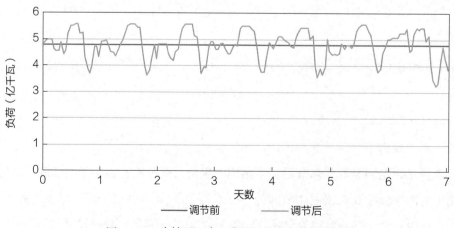

图 4-11　中情景下全国典型周电制氢负荷曲线

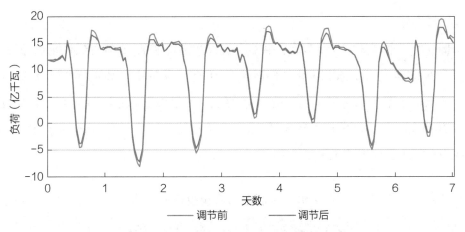

图4-12　中情景下全国典型周净负荷曲线

表4-3　　　　　　中情景下电制氢调节前后全国储能装机情况　　　单位：万千瓦

区域	调节前	调节后
东北	10009	9109
华南	2450	2450
华北	36383	33085
西北	27228	24002
华东	21304	15335
华中	2266	2240
西南	249	249
全国	99889	86471

表4-4　　　　　　　不同情景下电制氢调节效果　　　　　单位：万千瓦

项目	调节前	低情景	中情景	高情景
最大净负荷	195132	182021	181686	181346
最小净负荷	−193732	−185945	−185945	−185944
净负荷最大值削减量	0	13110	13445	13786
净负荷最小值提升量	0	7787	7787	7788
储能装机容量	99890	86594	86471	86274
替代储能装机容量	0	13296	13419	13616

（4）经济效益

中情景下，电制氢参与调节后，储能投资成本由调节前的 51375 亿元下降至 44561 亿元，节省 6814 亿元。按照电化学储能寿命 10 年、贴现率为 8%、运维维护成本系数 0.5%、充放电效率 95% 计算，调节后，折算到每年的费用节省 1154 亿元，其中投资成本节省 1015 亿元、运行费用节省 32 亿元、充放电损耗费用节省 107 亿元。电制氢调节前后电力系统投资成本情况见表 4-5。

表 4-5　　　　　　　电制氢调节前后电力系统投资成本情况　　　　　　　单位：亿元

项目	调节前	调节后
抽水蓄能投资成本	9744	9744
电化学储能投资成本	41631	34817
储能投资总成本	51375	44561

2. 数字基础设施用电

（1）情景设置

数字基础设施用电灵活性调节能力与用户参与意愿度、PUE、平均 IT 设备使用率、最高 IT 设备使用率、可消减负荷比例、可转移负荷比例呈正相关关系。综合考虑技术发展、政策支持、基础设施发展等因素影响，可以将数字基础设施参与系统调节的发展趋势分为高情景、中情景、低情景。2050 年数字基础设施用电负荷三种情景主要参数如表 4-6 所示。

表 4-6　　　　　　2050 年数字基础设施用电负荷三种情景主要参数

情景	数据中心服务器机架数量（万台）	每台机架平均功率（千瓦）	参与意愿度	PUE	平均 IT 设备使用率	最高 IT 设备使用率	可消减负荷比例	可转移负荷比例
低情景	2950	7.0	40%	1.3	65%	85%	5%	20%
中情景	2700	7.2	60%	1.2	70%	90%	10%	30%
高情景	2550	7.5	80%	1.1	75%	95%	15%	40%

（2）调节效果

中情景下，数字基础设施不参与调节时，全国数字基础设施负荷全年基本维持不变，约2.5亿千瓦；参与调节后，最大负荷时间转移至中午净负荷低谷时段，达到2.8亿千瓦。扣除风光出力的净负荷最大值由调节前19.5亿千瓦降至19.4亿千瓦，减小1200万千瓦；最小值由−19.4亿千瓦增加至−19.2亿千瓦，提升1300万千瓦，净负荷峰谷差缩小2500万千瓦。分区域看，东部地区不具备灵活调节能力。2050年，华北、华东、华南地区天冷业务和部分温业务已转移至西北、西南地区，余下热业务和温业务时延敏感性高，基本不具备调节能力。西北、西南地区参与电力系统调节后，削峰填谷效果较明显，详细数据如表4-7所示。全国典型周数字基础设施负荷曲线和净负荷曲线见图4-13和图4-14。

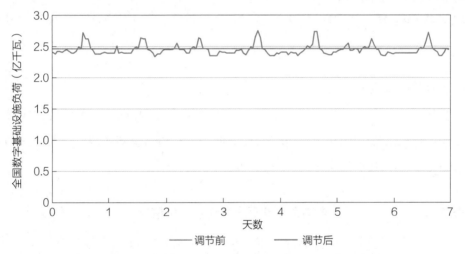

图4-13　中情景下全国典型周数字基础设施负荷曲线

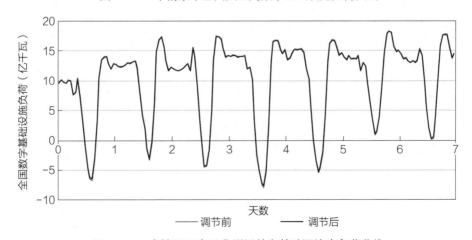

图4-14　中情景下全国典型周数字基础设施净负荷曲线

表4-7　　　　　中情景下数字基础设施用电调节各区域仿真结果

项目	东北	华南	华北	西北	华东	华中	西南	全国
净负荷最大值削减量 （万千瓦）	38	31	32	576	87	93	373	1229
净负荷最大值削减量 占净负荷最大峰谷差 比重	0.1%	0.06%	0.02%	0.4%	0.1%	0.2%	2.1%	0.3%
净负荷最小值提升量 （万千瓦）	128	0	0	1686	0	313	1096	3224
净负荷最小值提升量 占净负荷最大峰谷差 比重	0.3%	0	0	1.3%	0	0.6%	6.3%	0.8%

（3）等效储能装机

中情景下，数字基础设施参与调节后，储能装机减少 1500 万千瓦，其中短时储能减少 1470 万千瓦，长期储能减少 30 万千瓦。低情景和高情景储能装机分别减少 579 万、2837 万千瓦，详细数据如表 4-8 和表 4-9 所示。

表4-8　　　　　　　参与调节前后全国储能装机情况　　　　　单位：万千瓦

区域	调节前	调节后
东北	10009	9901
华南	2450	2450
华北	36383	36305
西北	27228	26067
华东	21304	21176
华中	2266	2240
西南	249	249
全国	99889	98388

表4-9   不同情景下数字基础设施用电调节效果   单位：万千瓦

项目	调节前	调节后		
		低情景	中情景	高情景
最大净负荷	195132	194695	193942	192804
最小净负荷	−193732	−192764	−192447	−192038
净负荷最大值削减量	0	448	1229	2409
净负荷最小值提升量	0	2991	3224	3009
储能装机容量	99890	99311	98388	97053
替代储能装机容量	0	579	1502	2837

（4）经济效益

中情景下，投资成本由调节前的5.14万亿元降至5.06万亿元，下降700亿元。按照电化学储能寿命10年、贴现率为8%、运维维护成本系数0.5%、充放电效率95%计算，调节后，折算到每年费用减少124亿元，其中投资成本减少108.2亿元、运行费用减少3.6亿元、充放电损耗费用减少12.2亿元。参与调节前后电力系统投资成本情况见表4-10。

表4-10   参与调节前后电力系统投资成本情况   单位：亿元

项目	调节前	调节后
抽水蓄能投资成本	9744	9744
电化学储能投资成本	41631	40905
储能投资总成本	51375	50649

3. 钢铁行业

（1）负荷现状

钢铁行业是高耗电产业，短流程与长流程炼钢工艺都要消耗大量的电力，其中短流程只消耗电力，长流程耗电量占总能耗的20%～30%。两种工艺生产过程用电负荷可分为主要生产负荷、辅助生产负荷、安全保障负荷和非生产性负荷，其中主要生产负荷为高炉（高炉运转消耗电力）、电炉等主要生产设备维持运行所需负荷，占总用电负荷65%以上。钢铁行业分功能负荷类型及占比见表4-11。

表 4-11   钢铁行业分功能负荷类型及占比

复合类型	负荷占比	主要设备
主要生产负荷	65%～75%	电炉、精炼炉、制氧机、高炉、烧结机、轧钢等
辅助生产负荷	5%～10%	传动液压泵、电炉风机、行车等
安全保障负荷	10%～15%	循环冷水设备、废气粉尘回收设备、消防治安设备等
非生产性负荷	2%～5%	办公用电负荷、生活用电负荷等

钢铁行业一般采用三班 24 小时连续工作制，全天负荷较为平稳，没有明显的波峰和波谷，负荷率一般长期维持高位，除拉闸限电外不响应系统灵活性调节需求。

（2）调节潜力

钢铁生产可通过调节负荷功率和调节生产工序将相结合的方式参与系统灵活性调节。调节负荷功率是指在需求响应期间减少部分功率，以满足电网的削峰需求，如电弧炉、精炼炉、连铸机等生产设备能在不影响生产的条件下、在一定范围内进行功率调整；调节生产工序是指在保证生产的同时，使电弧炉、轧钢等环节在时序上提前和滞后，从而实现负荷平移。

调节负荷功率会导致后续流程发生时间改变，生产工序也需要进行相应调整，两种调节方式共同作用，可削减功率占最大负荷功率的 14%～27%。**综合典型用户生产数据分析与电能消费研判，到 2050 年，钢铁行业最大削峰量为 4200 万千瓦。**

4. 电解铝行业

（1）负荷现状

电解铝企业生产过程只消耗电力，用电负荷可分为主要生产负荷、安全保障负荷、辅助生产负荷和非生产性负荷。其中，主要生产负荷占比最高，主要包括铝电解槽、铸造炉、铸造机等，通常占总用电负荷的 75%～90%，详见表 4-12。

表 4-12   电解铝行业负荷分类

复合类型	负荷占比	主要设备
主要生产负荷	75%～90%	铝电解槽、铸造机等
辅助生产负荷	5%～10%	多功能天车、空压站、水泵站、风机等

续表

复合类型	负荷占比	主要设备
安全保障负荷	3%～10%	废水废渣处理装置、烟气回收装置、消防治安设备等
非生产性负荷	1%～5%	办公用电、生活用电等

电化学反应过程中，在整个电解铝生产过程中需要有持续稳定的电流供应，因此电解槽负荷率通常维持在95%～98%，用电负荷较为平稳，没有波峰波谷，不响应系统灵活性调节需求。

专栏4.3　　云南省电解铝需求侧灵活性实践

作为中国电解铝生产的主要省份之一，云南省的电力主要由水电供应，其受到季节性波动的影响较大，部分时段紧张的电力供需关系也使得电解铝的生产受到影响。因此，云南省积极探索电解铝的需求侧灵活性空间，以应对供需关系的剧烈波动。2022年，云南省文山供电局对电解铝企业开展负荷中断试验。在未采取任何保温措施的情况下，中断时间持续100分钟，后续电解槽恢复生产。结果表明，短期中断供电时长如果控制在3小时以内不会导致电解槽被迫停槽，验证了电解铝负荷提供需求侧灵活性的可行性。

（2）调节潜力

铝电解槽作为主要生产设备，可通过调节负荷功率与中断负荷运行两种方式参与系统灵活性调节。一方面，在电解槽运行过程中，通过调节电解槽输出电压或输入功率，实现负荷功率调整；另一方面，不同电解槽可以交替短时启停提供灵活性，电解槽中断运行期间通过其自身的热惯性来维持生产设备的运转。

综合考虑以上两种调节方式，电解槽可削减的用电负荷占比为总用电负荷15%～23%，响应时间最高可持续2小时。此外，多功能天车启停、风机启停和调档也具备2%～4%的负荷调节潜力，最高可持续1小时。综合典型用户生产数据分析与电能消费研判，到2050年，电解铝行业最大削峰量为1600万千瓦。

5. 水泥行业

（1）负荷现状

水泥的生产过程分为生料磨粉、熟料煅烧、车水泥磨粉三步，即"两磨一烧"，其中"两磨"以耗电为主，"一烧"以耗煤为主。除熟料煅烧过程用到的回转窑、立窑等窑炉主要以消耗煤炭为主外，其他设备均只消耗电力。水泥行业负荷可分为主要生产负荷、辅助生产负荷、安全保障负荷、非生产性负荷。其中，主要生产负荷占总负荷的55%～60%，包括生料磨、水泥磨、球磨机等设备，详见表4-13。

表 4-13   水泥企业典型负荷曲线

复合类型	负荷占比	主要设备
主要生产负荷	55%～60%	生料磨、球磨机、各类窑炉等
辅助生产负荷	15%～20%	风机、传输带电极、提升机、空气压缩机等
安全保障负荷	8%～15%	冷却装置、润滑油泵、传动设备等
非生产性负荷	2%～5%	办公用电、生活用电等

为节约用能成本，水泥行业主要在平段及低谷电价时段进行连续生产，在午夜及凌晨电网负荷低谷时段负荷维持在最高位置附近，在上午及傍晚电网负荷高峰时段负荷较低。由于水泥生产结合电价平移连续生产时段，因此全天负荷在一定程度上跟随系统灵活性调节需求。

（2）调节潜力

水泥行业连续生产是为了提高生产效率，并非是工艺技术所限，主要生产负荷在生产工艺上具备中断潜力，在连续生产时段也能具备较强的灵活性调节潜力。随着电窑炉替代传统窑炉，未来水泥生产的电力可调负荷将显著增加、调节弹性将进一步增强。在用电高峰时段，水泥企业可通过交替中断部分负荷实现降负荷需求响应，其中电窑炉可中断2小时，生料磨、水泥磨、球磨机可中断1小时。中断负荷运行同时，可同步优化调节"两磨一烧"环节在时序上提前和滞后，实现生产指标与需求响应双重兼顾。考虑负荷中断与生产工序优化，水泥行业可削减功率占最大负荷功率的11%～21%。综合典型用户生产数据分析与电能消费研判，到2050年，水泥行业最大削峰量为2900万千瓦。

4.2.2　交通领域

1. V2G 意愿度分析

电动汽车用户参与车网互动的意愿度，与其出行需求或运营强度、车网互动调节后收益、参与的便利程度及由此带来的电池损耗成本相关。当电动汽车全生命周期的循环寿命大于其出行使用的循环次数时，理论上具备 V2G 能力。当出行需求的循环次数小于其循环寿命的一半时，从经济性角度而言，即认为车主有意愿提供 V2G 服务。预计液态电池循环寿命最高可达 3000 次，未来电池过渡到固态体系，循环寿命将高达上万次，届时电动汽车参与 V2G 意愿度将进一步提升。

私家车。私家车是未来参与车网互动的主要对象，意愿度分析如表 4-14 所示。私家车年均行驶里程不高于 2 万千米，全生命周期出行需求最高占用 1400 次循环寿命，约占总循环寿命的 32%。在全生命周期内，考虑 50% 循环寿命裕度，V2G 循环次数低于 1550 次时具备经济性。

表 4-14　　　　　　　　车网互动意愿度分析

种类	参数	低场景	高场景	全生命周期出行用能（万千瓦时）	电池容量（千瓦时）	出行占用循环次数
私家	年行驶里程（万千米）	0.8	2	2～7	100	1320
	百千米耗电量（千瓦时）	15	22			
出租	年行驶里程（万千米）	6	9	14～34	100	6800
	百千米耗电量（千瓦时）	15	25			
公交	年行驶里程（万千米）	3.2	4.5	43～88	300	5867
	百千米耗电量（千瓦时）	90	130			
长途客运	年行驶里程（万千米）	1.5	4	18～96	540	3556
	百千米耗电量（千瓦时）	80	160			
小型货车	年行驶里程（万千米）	2	4	8～36	600	1200
	百千米耗电量（千瓦时）	25	60			

出租车。出租车以运营为目标，停驶时间短、充电频次高，全生命周期运营需求所需循环次数为6800次，超过当前最高循环寿命，无法提供V2G服务。

公交车。公交车全生命周期运营需求所需循环次数为5867次，超过当前最高循环寿命，不具备V2G服务的能力。

长途客运。长途客运全生命周期出行需求占用667～3556次循环寿命，占总循环寿命的15%～80%。当长途客运车的年行驶里程低于3万千米时，有意愿提供V2G。但是，长途客运未来以换电模式或氢能为主，不能成为提供V2G服务的主要来源。

货车。货车正常行驶里程不高于4万千米，全生命周期出行需求最高占用1200次循环寿命，占总循环寿命的不超过27%，但未来充电式纯电货车占比较低，以换电模式或氢能为主。

根据车网互动意愿度分析，预计2050年，**全国将有60%的私家车愿意长期参与车网互动，总数为1.68亿辆。**

2. 情景设置

考虑车网互动以私家车为主，灵活性调节能力与用户参与意愿度、单次平均在网时长、电池最大放电深度、日平均接网频次、慢充桩功率五大因素有关。电动汽车调节能力与上述参数数值呈正相关关系。综合考虑技术发展、政策支持、基础设施发展等因素影响，可以将车网互动调节发展趋势分为高情景、中情景、低情景。2050年三种情景主要参数如表4-15所示。

表4-15   2050年三种情景主要参数

情景	私家车保有量（亿辆）	续航里程分布（千米）	慢充桩占比	参与意愿度	单次平均在网时长（小时）	电池最大放电深度	日平均接网频次	慢充桩功率（千瓦）
低情景				40%	6	50%	0.5	10
中情景	2.8	600～1200	80%	60%	9	40%	1.5	20
高情景				80%	11	30%	2	30

3. 调节效果

中情景下，电动汽车不参与车网互动时，全国全年电动汽车最大负荷5.5亿千瓦、最小负荷 3195 万千瓦；电动汽车参与车网互动后，最大负荷提升至 6.5 亿千瓦，最大放电功率为 9287 万千瓦，最大顶峰功率❶为 2.6 亿千瓦。扣除风光出力的净负荷最大值由调节前的 19.5 亿千瓦降至 17.3 亿千瓦，减小 2.2 亿千瓦；最小值由调节前的 −19.4 亿千瓦升至 −17.1 亿千瓦，提升 2.2 亿千瓦，净负荷峰谷差缩小 4.5 亿千瓦，实现了对净负荷的削峰填谷，负荷高峰期等效发电量为 3787 亿千瓦时。分区域看，华南地区削峰效果最为明显，华东地区填谷效果最为明显，详细数据如表 4−16 所示。全国典型周电动汽车负荷曲线与净负荷曲线见图 4−15 和图 4−16。

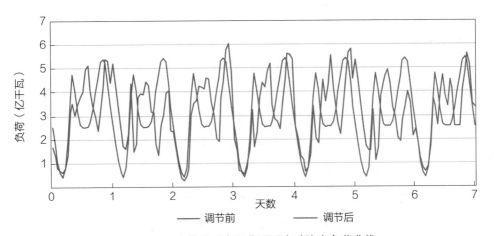

图 4−15　中情景下全国典型周电动汽车负荷曲线

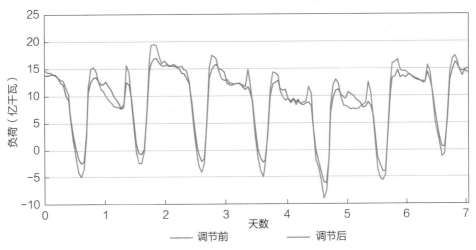

图 4−16　中情景下全国典型周电动汽车净负荷曲线

---

❶ 顶峰功率：负荷高峰期所有参与放电的电动汽车放电功率之和。

表 4-16　　　　　　中情景下车网互动各区域仿真结果

项目	东北	华南	华北	西北	华东	华中	西南	全国
净负荷最大值削减量（万千瓦）	1370	8109	2990	2355	2826	525	2661	22365
净负荷最大值削减量占净负荷最大峰谷差比重	3.4%	16.8%	2.1%	1.8%	3.3%	1.1%	15.2%	5.8%
净负荷最小值提升量（万千瓦）	1753	2977	6665	2207	13180	5136	2775	22439
净负荷最小值提升量占净负荷最大峰谷差比重	4.4%	6.2%	4.8%	1.7%	15.4%	10.4%	15.8%	5.8%

4. 等效储能装机

电动汽车参与调节后，全国储能装机总量由 10 亿千瓦下降至 8.1 亿千瓦，减少 1.9 亿千瓦，其中短时储能减少 1.8 亿千瓦，长期储能减少 1500 万千瓦。电动汽车参与车网互动后，其运行状态相当于充放电范围为 [−6.4，0.93] 亿千瓦的锂电池，可替代 1.8 亿千瓦×6 小时/1500 万千瓦×720 小时的储能装机。低情景和高情景储能装机分别减少 4114 万、2.8 亿千瓦，详细数据如表 4-17 和表 4-18 所示。

表 4-17　　　　　车网互动前后全国储能装机情况　　　　　单位：万千瓦

区域	调节前	调节后
东北	10009	8141
华南	2450	2450
华北	36383	32546
西北	27228	22958
华东	21304	12005
华中	2266	2240
西南	249	249
全国	99889	80590

表 4-18　　　　　　　　不同情景下电动汽车调节效果　　　　　单位：万千瓦

项目	调节前	调节后		
		低情景	中情景	高情景
最大净负荷	195132	193151	172766	166618
最小净负荷	−193732	−182632	−171293	−175695
净负荷最大值削减量	0	1980	22365	27954
净负荷最小值提升量	0	11099	22439	24940
储能装机容量	99890	95776	80590	71695
替代储能装机容量	0	4114	19299	28193

5. 经济效益

电动汽车参与调节后替代储能，系统投资成本由调节前的 5.1 万亿元降至 4 万亿元，下降 1.1 万亿元。按照电化学储能寿命 10 年、贴现率 8%、运维维护成本系数 0.5%、充放电效率 95% 计算，调节后，折算到每年的费用减少 1877 亿元，其中投资成本减少 1679 亿元、运行费用减少 46 亿元、充放电损耗费用减少 151 亿元。不考虑公共基础设施投资的情况下，平均每位参与调节车主最大收益为 1117 元，与车辆年充电成本基本持平。车网互动前后电力系统投资成本情况见表 4-19。

表 4-19　　　　　车网互动前后电力系统投资成本情况　　　　　单位：亿元

项目	调节前	调节后
抽水蓄能投资成本	9744	9744
电化学储能投资成本	41631	30365
储能投资总成本	51375	40109

4.2.3　建筑领域

1. 电制热（冷）

（1）情景设置

电制热（冷）灵活性调节能力与蓄热蓄冷设备的比例、用户参与调节意愿度、用户对室内温度变化的容忍度呈正相关关系。蓄热蓄冷设备比例越高、用户参与调节意愿度越强、用户对室内温度变化的容忍度越大，则电制热（冷）整体的灵活性调节能力就越强。综合考虑技术发展、政策支持、基础设施发展等因素影响，可以将电制热（冷）参与系统调节的发展趋势分为高情景、中情景、低情景。2050 年三种情景主要参数如表 4-20 所示。

表 4-20　　　　　　　　　　2050 年三种情景主要参数

情景	夏季室内平均设定温度（℃）	冬季室内平均设定温度（℃）	储热型供暖面积占比	蓄冷型供冷面积占比	调温型参与意愿度	冬季允许下调温度（℃）	夏季允许上调温度（℃）
低情景	26	18	10%	3%	40%	1	1
中情景	25	21	15%	5%	60%	2	2
高情景	24	24	20%	7%	80%	3	3

（2）调节效果

从调节能力看，电制热显著强于电制冷。电制热出力与太阳辐照强度反相关，中午时出力最小；电制冷与之正相关，而未来太阳能发电占比高，净负荷与太阳辐照强度也呈反相关特性，因此电制热调节空间显著大于电制冷。

电制热。电制热不参与调节时，全国冬季供热季电制热最大负荷 6.7 亿千瓦；参与调节后，最大负荷增长至 8 亿千瓦，但最大负荷时间转移至中午净负荷低谷时段。扣除风光出力的净负荷最大值由调节前 19.5 亿千瓦降低至 17.3 亿千瓦，减小 2.2 亿千瓦；最小值由 -19.4 亿千瓦增加至 -18.1 亿千瓦，提升 1.2 亿千瓦；净负荷峰谷差缩小 3.5 亿千瓦。全国典型周电制热负荷曲线和净负荷曲线见图 4-17 和图 4-18。

电制冷。电制冷不参与调节时，全国夏季供冷季电制冷最大负荷 5.66 亿千瓦；参与调节后，最大负荷增加为 5.7 亿千瓦。扣除风光出力的净负荷最大值由调节前的 18.7 亿千瓦略微下降至 18.2 亿千瓦，减小 4901 万千瓦；最小值由 -8.2 亿千瓦升至 -8.13 亿千瓦，提升 610 万千瓦，净负荷峰谷差缩小 5511 万千瓦。全国典型周电制冷负荷曲线和净负荷曲线见图 4-19 和图 4-20。

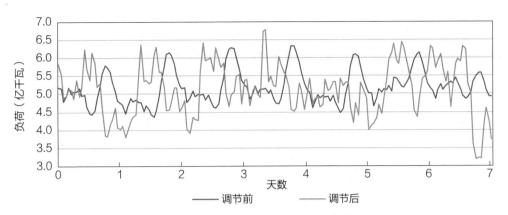

图 4-17　中情景下全国典型周电制热负荷曲线

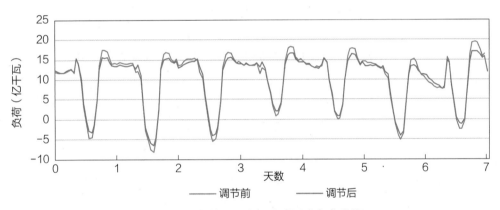

图 4-18　中情景下全国典型周净负荷曲线

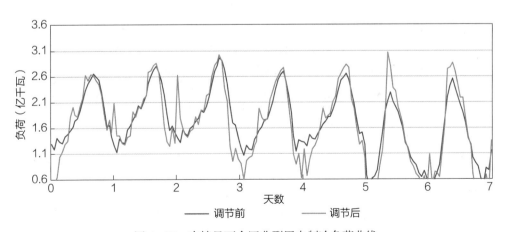

图 4-19　中情景下全国典型周电制冷负荷曲线

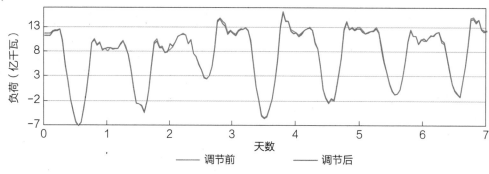

图 4-20   中情景下全国典型周净负荷曲线

中情景下电制热、电制冷调节各区域数据见表 4-21。

表 4-21   中情景下电制热、电制冷调节各区域仿真结果   单位：万千瓦

	项目	东北	华南	华北	西北	华东	华中	西南	全国
电制热	净负荷最大值削减量	1790	156	3889	3038	2989	2919	1713	22235
	净负荷最小值提升量	2585	0	5659	2764	1665	0	399	12738
电制冷	净负荷最大值削减量	572	1309	930	0	1090	350	1224	4901
	净负荷最小值提升量	325	364	651	216	761	887	489	610

（3）调温与储热调节能力对比

分类型看，基于储热的电制热（冷）设备调节能力更强。基于储热的电制热（冷）设备可以发挥其储能特性、灵活响应系统调节需求、实现削峰填谷，而基于调温的电制热（冷）设备只能短时削减负荷，且调节能力受室温变化幅度约束，削峰能力相对较弱。

电制热。基于调温的电制热设备占比 85%，负荷最大功率 5.4 亿千瓦，净负荷最大值削减 1.5 亿千瓦，占基于调温的电制热负荷最大功率的 28%。基于储热的电制热设备占比 15%，负荷最大功率 1.7 亿千瓦，净负荷最大值削减量与净负荷最小值提升量分别为 4153 万、1.1 亿千瓦，分别占基于储热负荷最大功率的 25% 和 66.2%。与基于储热的电制热（冷）设备相比，基于蓄热的电制热设备调节效果优于基于调温型设备。

电制冷。基于调温的电制冷设备占比 95%，最大负荷功率 5.6 亿千瓦，净负荷最大值削减量 4405 万千瓦，占最大功率的 7.8%。基于储冷的电制冷设备占比 5%，最大负荷功率 1551 万千瓦，净负荷最大值削减量与净负荷最小值提升量分别为 240 万、202 万千瓦，占比分别为 15.5% 和 13%。储冷式空调调节能力强于调温型空调，但由于设备占比仅 5%，总体调节效果小于调温型空调。

电制热（冷）分类型调节情况见表 4-22。

表 4-22　　　　　　　　　　电制热（冷）分类型调节情况

项目		基于调温的电制热（冷）负荷	基于储热（冷）的电制热（冷）负荷
电制热	供暖面积（亿平方米）	15812	2878
	净负荷最大值削减量（万千瓦）	15206	4153
	净负荷最大值削减量占制热负荷最大功率的比重	28.0%	25.0%
	净负荷最小值提升量（亿千瓦）	—	10977
	净负荷最小值提升量占制热负荷最大功率的比重	—	66.2%
电制冷	供冷面积（亿平方米）	17255	970
	净负荷最大值削减量（万千瓦）	4405	240
	净负荷最大值削减量占制冷负荷最大功率的比重	7.8%	15.5%
	净负荷最小值提升量（亿千瓦）	—	202
	净负荷最小值提升量占制冷负荷最大功率的比重	—	13.0%

（4）等效储能装机

电制热（冷）参与调节后，全国储能装机总量从调节前的 10 亿千瓦下降至 9 亿千瓦，减少 1 亿千瓦。低情景和高情景储能装机分别减少 5852 万、1.3 亿千瓦。储能投资成本从调节前的 5.1 万亿元降至 4.6 万亿元，下降 5706 亿元，详细数据如表 4-23 和表 4-24 所示。

表 4-23   电制热（冷）参与调节前后全国储能装机情况   单位：万千瓦

区域	调节前	调节后
东北	10009	7539
华南	2450	2450
华北	36383	34206
西北	27228	26394
华东	21304	16721
华中	2266	2240
西南	249	249
全国	99889	89798

表 4-24   不同情景下电制热制冷调节效果   单位：万千瓦

项目	调节前	调节后		
		低情景	中情景	高情景
最大净负荷	195132	180563	172897	167997
最小净负荷	−193732	−179715	−180993	−181279
净负荷最大值削减量	0	14569	22235	16135
净负荷最小值提升量	0	14016	12738	12452
储能装机容量	99890	94038	89798	86548
替代储能装机容量	0	5852	10090	13340

（5）经济效益

按照电化学储能寿命 10 年、贴现率为 8%、运维维护成本系数 0.5%、充放电效率95%计算，调节后，折算到每年的费用减少 937 亿元，其中投资成本减少 851 亿元、运行费用减少 24 亿元、充放电损耗费用减少 62 亿元。储能节省的年费用如果回馈给用户，可减少度电费用 0.07 元。电制热（冷）参与调节前后电力系统投资成本情况见表 4-25。

表 4–25　　电制热（冷）参与调节前后电力系统投资成本情况　　单位：亿元

项目	调节前	调节后
抽水蓄能投资成本	9744	9744
电化学储能投资成本	41631	35924
储能投资总成本	51375	45668

专栏 4.4　　电制热（冷）灵活性调节案例

　　上海西藏大厦万怡酒店同样通过空调柔性调节的方式实现需求响应。截至 2024 年 1 月，上海西藏大厦万怡酒店总计参与 3 次削峰填谷需求响应。其中 2 次为削峰响应，累计削减电量 228.24 千瓦时，累计减少二氧化碳排放量 95.86 千克。另外 1 次为填谷响应，累计提升电量 225 千瓦时。

　　上海西岸绿色能源有限公司使用了冷热电三联供系统，可供暖、制冷、供电。该系统的蓄能环节通过夜晚储备充足的空调所需的冷热能量，在白天高峰期进行"削峰填谷"缓解峰电时段用电压力。截至 2024 年 1 月，上海西岸绿色能源有限公司总计参与 5 次削峰填谷需求响应。其中 4 次为削峰响应，累计削减电量 2896.32 千瓦时，累计减少二氧化碳排放量 1.22 吨。另外 1 次为填谷响应，累计提升电量 6329.43 千瓦时。

---

2. 储水式电热水器

（1）调节现状

　　储水式电热水器在水箱水温不足或使用热水时段进行电加热，用电过程不跟随系统调节需求。储水式电热水器一般 24 小时开机，开机后快速将水箱加热至目标温度。在使用时段，电热水器水箱供应热水时，同步接收冷水以维持水箱内部压力，水箱水温快速下降，需要加热装置同步启动以维持水箱水温，运行功率最高可以达到额定功率。目前家用储水式电热水器不响应系统灵活性调节需求。

（2）调节机理

在使用时段，热水器同步加热新进冷水，不能响应电网削减负荷需求。在非使用阶段，若系统产生负荷削减需求，则热水器中断负荷；调节需求响应完毕后，重新启动加热水箱，通过错峰加热实现需求响应。

（3）可调潜力

到 2050 年，考虑全国共 2.5 亿户居民使用储水式电热水器，平均功率 3 千瓦，加热最大同时率 5%，**储水式电热水器最大削峰量和最大填谷量均为 3700 万千瓦**。储水式电热水器参与调节示意图见图 4－21。

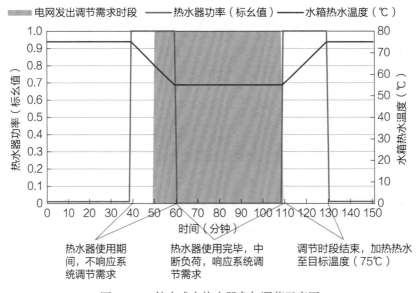

图 4－21　储水式电热水器参与调节示意图

4.3　综合灵活性分析

1. 调节效果

四大互动响应类用电负荷共同参与系统调节时，净负荷峰谷差将显著缩小。电动汽车、电制热（冷）、电制氢、数字基础设施用电可参与调节的负荷最大功率分别为 3.3 亿、

4亿、2.9亿、0.9亿千瓦，总和约11亿千瓦。上述负荷共同参与系统调节时，净负荷最大值由调节前的19.5亿千瓦降至16.4亿千瓦，减小3.1亿千瓦；最小值由−19.4亿千瓦增至−15.1亿千瓦，提升4.3亿千瓦，净负荷峰谷差缩小7.4亿千瓦，占最大净负荷峰谷差的19%。调节前后全国典型周净负荷曲线见图4−22。

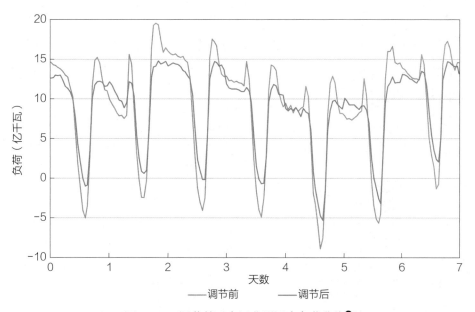

图4−22　调节前后全国典型周净负荷曲线❶

　　中国不同区域人口规模、产业结构、经济发展、资源禀赋差异化特征明显，互动响应类负荷在各区域发挥的灵活性调节作用差别较大。华南、华东作为中国主要经济发展区域与负荷中心，电动汽车保有量高、负荷参与灵活性调节需求大，车网互动在华南地区削峰效果最为明显，华东地区填谷效果最为明显。华北、西北、东北地区得益于较大的蓄热电锅炉装机规模、较高的采暖需求，电制热调节效果相对显著。华南、西南地区夏季气温高、制冷负荷大，电制冷削峰效果最为明显。电制氢装机较高、产能较大的地区，如华南、华北、西北、华东地区电制氢年产能均在1200万吨以上，调节效果显著。数字基础设施用电在东部地区不具备灵活调节能力，到2050年，华北、华东、华南地区天冷业务和部分温业务已转移至西北、西南地区，余下热业务和温业务时延

---

❶ 电动汽车、电制热制冷、电制氢、数字基础设施用电共同参与系统调节时。

敏感性高，基本不具备调节能力。西北、西南地区参与电力系统调节后，削峰填谷效果较明显。

有序用电类和互动响应类负荷共同参与系统调节时，系统净负荷特性进一步得到优化。 在电动汽车、电制热（冷）、电制氢、数字基础设施用电参与调节的基础上，进一步考虑钢铁、电解铝、水泥、储水式电热水器参与调节，则参与调节的负荷最大功率将进一步达到 13.7 亿千瓦。上述负荷共同参与系统调节时，净负荷最大值由调节前的 19.5 亿千瓦降至 15.4 亿千瓦，减小 4.1 亿千瓦；最小值由 -19.4 亿千瓦增至 -14.7 亿千瓦，提升 4.7 亿千瓦，净负荷峰谷差缩小 8.7 亿千瓦，占最大净负荷峰谷差的 22%。调节前后净负荷最值变化情况见图 4-23。

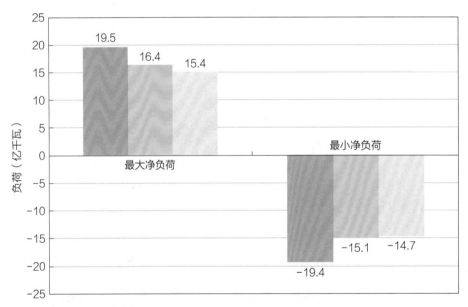

图 4-23   调节前后净负荷最值变化情况

2. 等效储能装机

四大互动响应类用电负荷共同参与调节可大幅降低储能装机需求，但储能装机减少量少于上述负荷单独参与系统调节所减少的储能装机量总和。电动汽车、电制热（冷）、电制氢、数字基础设施用电分别单独参与系统调节时，替代储能装机量分别为 1.9 亿、1

亿、1.3 亿、1500 万千瓦，总和为 4.4 亿千瓦。上述负荷共同参与调节时，由于各类负荷调节机理不同、时间不同，计算表明全国储能装机总量由调节前的 10 亿千瓦下降至 6.4 亿千瓦，替代 3.6 亿千瓦。四大互动响应类用电负荷调节前后全国储能装机情况见表 4-26。

表 4-26 四大互动响应类用电负荷调节前后全国储能装机情况 单位：万千瓦

区域	调节前	调节后
东北	10009	4871
华南	2450	2450
华北	36383	27847
西北	27228	19976
华东	21304	6675
华中	2266	2240
西南	249	249
全国	99889	64307

5

政策与机制

　　创新政策机制是推动新型电气化的重要支撑与保障，关键在于将有效市场的"无形之手"和有为政府的"有形之手"紧密结合，既需要政府超前规划引导、科学政策支持，也需要市场机制调节、企业等微观主体不断创新。一方面充分发挥新型举国体制优势，集中力量办大事，集中创新资源在关键电气化领域和基础研究领域进行攻关，在前沿性和颠覆性创新上取得突破性成果，用规划引领、财税激励、监管约束、行政手段等措施促进新技术新产品的市场需求快速提升，加快进入规模化发展阶段；另一方面充分利用市场机制高效配置资源要素，激发市场活力，促进优胜劣汰和规范发展。

"十四五"重点领域电气化措施梳理见表 5－1。

表 5－1   "十四五"重点领域电气化措施梳理

规划文件	绿色发展目标	电气化具体措施
《"十四五"工业绿色发展规划》	降低碳排放和污染物排放强度、提升能源和资源利用效率、完善绿色制造体系	工业用能煤改电；推广应用电窑炉、电锅炉、电动力设备；发展屋顶光伏、分散式风电、多元储能、高效热泵等
《绿色交通"十四五"发展规划》	促进交通基础设施与生态环境协调、降低交通工具能耗和碳排放、防治交通运输污染、优化客货运输结构	客货运输领域新能源汽车推广；公路服务区、客运枢纽等区域充（换）电设施建设；港口码头岸电设施改造等
《"十四五"建筑节能与绿色建筑发展规划》	提升绿色建筑发展质量、提高新建建筑节能水平、加强建筑节能绿色改造	太阳能建筑建设；地热能等可再生能源利用；建筑用能电力代替行动；新型建筑电力系统建设等

5.1 政　策　建　议

新型电气化的关键技术和产业具有突出的气候环境效益，但在当前的政策市场条件下，普遍面临投资成本高、经济性不足、生产规模小、产业链不完善等问题与挑战，依靠市场自发力量难以推动新技术大范围推广和新旧产业迭代更替。产业政策对于推动新产业的发展有不可替代的重要作用，应根据新技术的成熟度和新产业发展阶段，制定灵活调整的动态产业政策。

研究对技术发展的一些关键指标进行梳理和评估，参考国内外通用的划分方式，将技术成熟度划分为研发期、成熟初期和成熟后期（见图 5－1），并分别提出具有针对性的动态政策建议。

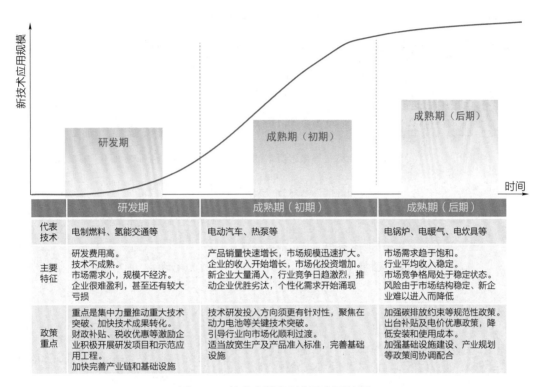

图 5-1　技术成熟度划分及主要特征

5.1.1　研发期技术

中国处在研发期的技术包括电制氢、氢能交通、电制燃料等。特点是已经初步完成了重大技术试错，具有较为明确的产业形态和发展模式，具有高成长性、战略性、先导性等特征，但短期内发展规模小，技术、产品和市场等都不成熟，技术环境、技术周期和技术成本等均面临不确定性和高风险。企业投资往往难以获得稳定回报，甚至面临亏损，尤其是基础性和前沿性创新活动由于高风险很难吸引到足够的资金支持。应重点加快前瞻部署，在前沿技术孵化、多元化投入、早期市场培育和产业生态营造等多层面构建政策支持体系。研发期政策建议见表 5-2。

表 5-2   **研发期政策建议**

政策类型	电制氢	氢能交通
顶层设计与产业布局	加强氢能源产业发展顶层设计，加快制定氢能产业发展实施路线图，引导核心企业向有基础、有条件、有优势的产业集聚区布局	
研发支持政策	在国家层面整合研发资源、组织技术攻关，推动产学研联合研究、设立国家重点实验室等。发挥政府产业基金等风险资本的作用，有效链接基础研究和应用研究之间	
试点示范政策	以化工园区为载体推动绿氢、绿氨、绿醇等试点示范	对重型车的氢燃料电池汽车及针对航空海运领域的生物质或合成燃料等新能源技术开展分区域试点示范等
补贴激励政策	实施绿氢售价补贴政策，缩小绿氢与灰氢、蓝氢的成本差距，提升其竞争力。对企业开展氢能示范应用进行补贴	补贴氢能储运、加氢站建设、燃料电池车等终端应用场景
完善产业链与基础设施	规划建设制、储、输、加氢基础设施，加快氢能全产业链协同建设；以园区形式构建氢能产业生态圈，探索多元应用场景等	构建布局合理、适度超前、供需匹配、安全有序的加氢站网络。国家层面形成统一的规划、建设、审批流程

顶层设计与产业布局。对产业发展的主要目标、关键路径、技术支撑与体制机制保障等核心要素进行研究，凝聚各方共识，制定电气化发展的顶层规划。既要考虑底层技术的颠覆性和基础性，同时还要考虑中国的资源禀赋以及市场状况，要能从技术和市场两个方面发挥自身的竞争优势。时间规划上要考虑传统产业和新兴产业之间的互动关系，边破边立，在改造中实现融合发展。空间布局上要充分做好顶层设计与整体统筹，结合区域优势做到因地制宜。在氢能产业发展方面，应加强氢能源产业发展顶层设计，加快制定氢能产业发展实施路线图，引导行业骨干企业向有基础、有条件、有优势的产业集聚区布局。

研发支持政策。企业需要进行产品设计、开展核心资产和技术试验等，推进技术不断迭代，探索确立产业的主流技术、核心资产。发挥政策对技术研发的引导作用，关键是通过实施有效政策，加快推进产业技术、核心资产的螺旋式迭代进程，缩短创新周期。在国家层面整合研发资源、组织技术攻关，推动产学研联合研究、设立国家重点实验室等，让创新资源和产业资源深度融合发展，推动科研创新和产业创新实现协同发展。发挥政府产业基金等风险资本的作用，在技术产业化的过程中有效链接基础研究到应用研究之间的断裂地带，加速科技成果转化。

试点示范政策。鼓励条件较好的省份或工业园区先行开展试点示范，出台配套激励措施和投融资引导政策。支持试点示范地区发挥自身优势，改革创新，探索产业发展的多种路径，在完善政策体系、提升关键技术创新能力等方面先行先试，形成可复制可推广的经验。例如，以化工园区为载体推动绿氢、绿氨、绿醇等试点示范，对重型车的氢燃料电池汽车及针对航空海运领域的生物质或合成燃料等新能源技术开展分区域试点示范等。

补贴激励政策。适当采用政府采购、补贴、政府基金投资等方式，拉动市场需求，加速了企业技术创新成果转化、商品化和产业化的过程，扩大生产规模，以规模经济提高新技术的经济性，使政府与企业共同承担初始创新的高风险与高成本。例如，实施绿氢售价补贴政策，缩小绿氢与灰氢、蓝氢的成本差距，提升其竞争力；对企业开展氢能示范应用、加氢站建设以及车用氢气供应给予补贴等。

完善产业链与基础设施。以产业链为基准，由政府部门牵头，根据各地区自然禀赋、生态资源、区位优劣等条件，因地制宜发展匹配产业，构建产业链上下游协同机制，统筹协调上下游企业的规划、标准等，推动基础设施投资建设与产业发展规划的协调，避免产业链薄弱环节或者基础设施短板制约产业的发展速度。例如，加快氢能全产业链标准体系建设，规划建设制、储、输、加氢基础设施，探索氢能产业上下游协同发展模式；以园区形式构建氢能产业生态圈、创新生态链，促进产业集群化发展，探索多元应用场景等。

5.1.2　成熟初期技术

中国正处在成熟初期的典型技术包括电动汽车、热泵等。特点是具有高成长性，市场规模快速扩大，新产品、新服务、新业态开始出现，创造出潜力巨大且成长性高的市场需求。市场竞争者数量快速增多，市场竞争更加激烈。新旧产业更迭的过程中，会面临市场培育、政策监管和组织调整等诸多挑战，产业发展仍然面临着不确定性和市场风险。政府可以在一定程度上加快产业的成长速度，促进产业规范发展，减少新旧技术更迭中的市场摩擦。成熟初期政策建议见表 5-3。

表 5-3　　　　　　　　　　成熟初期政策建议

政策类型	电动汽车	热泵
制定完善行业规划	将电动汽车对传统燃油汽车的替代列入城市更新行动和乡村建设行动的优先领域，将充换电设施建设列入城乡建设整体规划	将热泵发展列入城市更新行动和乡村建设行动的优先领域，将建筑热泵列入城乡建设整体规划
推动市场化转型发展	完善补贴退坡机制，适当放宽外资准入和放开国内市场	政策补贴逐步退出；挖掘热泵采暖产品在零售市场的发展潜力
建立完善行业标准体系	完善行业准入标准，统一产品质量和性能、能效标准等；指导上下游产业链相关方协同进行标准的制定与完善，确保上下游标准的有效衔接	
聚焦关键技术突破	在电池、自动驾驶技术和提升车联网功能等领域加快布局	提升热泵产品低环温运行能力及可靠性，扩展应用场景
加强配套保障措施	持续加强充换电站布局，提升车网双向互动能力，大力推广应用智能充电基础设施	加强建筑能效约束，出台鼓励热泵应用的电力支持政策，以财政补贴等方式降低热泵应用成本

规划引领与统筹协调。以电气化产品设备代替传统基于化石能源的产品设备是推动传统行业绿色低碳发展和地方经济转型升级的重点举措，应制定各行业电气化发展路径与绿色低碳转型路径、与地方经济产业升级路径耦合的协同机制，明确电气化在产业转型中的功能定位，量化提出重点电气化技术渗透率、覆盖面等目标，推动新旧产业加快更迭。例如，在电动汽车领域将电动汽车对传统燃油汽车的替代、热泵发展列入城市更新行动和乡村建设行动的优先领域，将充换电设施建设、建筑热泵列入城乡建设整体规划，促进市场规模扩大和市场渗透率提升。

市场化转型发展。在市场开始规模化增长的初期，政策激励发挥重要作用，政府以财政补贴、税收优惠、政府参与投资等方式激励企业增加投资，推动企业扩大生产规模，实现规模效益，产生良性互动循环。随着市场规模快速增大，企业数量逐渐增多，产业化程度的不断加深，补贴政策的边际效应开始减弱。应调整补贴标准和范围、建立补贴退坡机制，逐步提高补贴的产品技术门槛，适当放宽外资准入和放开国内市场，打造公平公正的市场竞争环境，维护市场秩序，引导企业形成依靠技术创新和管理创新提高市场竞争力的预期，引导行业从政策引导向市场主导过渡，实现产业可持续发展的动能转换。

建立完善行业标准体系。随着市场参与者大量增加，产业逐步进入激烈市场竞争期，不规范竞争等问题凸显，如不能及时、有效规范市场竞争秩序，将导致"劣币驱逐良币"，影响产业的高质量、可持续发展。应加强监管，出台行业规范性政策，统一行业标准、产品质量和性能，规避潜在的产品质量风险和安全风险；指导上下游产业链相关方协同进行标准的制定与完善，确保上下游标准的有效衔接。

聚焦关键技术突破。在本阶段产业已经具备自主创新能力和研发基础，建议集中力量对具有重大突破、前瞻性和引领性的技术研发活动进行重点政策支持，分担企业研发成本。例如，在电动汽车技术领域，自动驾驶是未来新能源汽车竞争的焦点，中国新能源汽车企业长于组装制造，短于软件算法，自动驾驶发展与技术先进国家已有差距。建议在自动驾驶技术和提升车联网功能等领域加快布局，维持新能源汽车的技术优势。

加强配套保障措施。结合重点领域电气化工程加快配网升级改造和智能化水平，提升供电能力和供电安全水平，提升智能感知能力和故障自愈能力，有效提高新型电气设备的供电可靠性。在电动汽车领域，提升车网双向互动能力，大力推广应用智能充电基础设施，有力支撑未来车网互动的大规模发展应用。

5.1.3　成熟后期技术

中国正处于成熟后期的典型技术包括电锅炉、电炊具等。特点是技术已经完全成熟，市场趋于饱和，销售量和利润都逐渐趋于稳定。同时，行业内部竞争激烈，企业间合并、兼并大量出现，行业集中度提高，新产品开发更加困难。虽然技术成熟，具有显著的节能和环境效益，但由于经济性、用能习惯等原因，仍有巨大市场潜力亟待开发。需要政府破除制约因素，拓宽应用场景，深入挖掘市场潜在需求，推动电气化设备成为主流选择。成熟后期政策建议见表5-4。

表 5-4　　　　　　　　　　成熟后期政策建议

政策类型	电锅炉	电炊具
消费激励政策	优惠贷款引导企业实施锅炉节能改造、余热余压利用、集中供热替代和设备技术升级	鼓励餐饮场所"瓶改电",打造"全电厨房",出台扶持和专项补贴政策
绿色低碳约束政策	制定修订锅炉节能、碳排放、特种设备能效评价等相关标准,完善低效、高排放锅炉产品产能淘汰机制和相关激励约束机制	对餐饮业进行碳排放计算与监测
公众宣传引导	倡导绿色低碳生活方式和消费模式,引导消费者形成更加健康、环保的消费观念,推动市场需求的转变升级,培育新的消费增长点	

出台消费激励政策。出台促进消费措施,通过对用户提供消费补贴、电价优惠、优惠贷款、以旧换新等方式,提升消费需求和市场空间,促进重点用能设备更新升级,提高市场渗透率。例如,利用绿色金融工具,用优惠贷款引导企业实施锅炉节能改造、余热余压利用、集中供热替代和设备技术升级;鼓励餐饮场所"瓶改电",打造"全电厨房",出台扶持和专项补贴政策,明确线路改造和电厨炊具购置的奖补细则。

强化绿色低碳约束。电锅炉、电暖气、电炊具等电气设备的应用对于工业、居民与商业领域减少碳排放有至关重要的作用,强化绿色低碳约束能够有力推动用户从传统设备向电气设备的转型。应加强安全、节能、环保监管,建立完善的碳排放信息披露制度,完善重点行业排放标准,以更精细严格的碳排放约束倒逼企业和用户淘汰落后的产品设备。例如,加快制定修订锅炉节能、碳排放、特种设备能效评价等相关标准,完善低效、高排放锅炉产品产能淘汰机制和相关激励约束机制。对建筑业、餐饮业进行碳排放计算与监测,

加强宣传引导。倡导绿色低碳生活方式和消费模式,引导消费者形成更加健康、环保的消费观念,推动市场需求的转变升级,培育新的消费增长点。例如,通过加强电炊具的推广宣传与示范应用,突出展示电炊具的做菜效率高、速度快、方便快捷、安全性高等优势,改变居民长期以来"无火不成灶,无灶不成厨,无厨不成家"的明火烹饪习惯,推动电炊具代替燃气灶成为厨房主流炊具。

5.2 市　场　机　制

新型电气化发展将推动负荷侧用电需求提升，用电方式和结构发生变化，实现电力供需平衡的难度加大。要加快完善电力市场和碳市场机制，实现电力资源在更大范围内高效配置，促进不同尺度的电网需求和用户侧资源调节能力之间的合理匹配与价值激发。进一步完善机制设计，提升绿电消费的积极性，促进灵活性资源参与需求侧响应获得经济收益。

5.2.1 电力市场

《关于进一步深化电力体制改革的若干意见》（中发〔2015〕9号）发布以来，中国电力市场化改革深入推进，省间（国家）市场与省内（区、市）/区域市场多层次市场格局初步形成，电力市场交易品种覆盖中长期、现货、辅助服务等多品种。同时，仍然存在交易机制不成熟、电力辅助服务价格和补偿机制不完善、碳市场作用发挥不充分等问题。应加快完善市场机制，充分发挥电价和碳价的信号作用，引导用户主动改变电力消费模式，充分挖掘需求侧资源的调节能力。

完善电力市场准入机制。一是降低电力市场准入门槛，扩大市场准入范围，有序推动全部工商业用户进入电力市场。二是积极培育分布式新能源、新型储能、电动汽车充电设施、负荷聚合商、虚拟电厂等新兴市场主体，实行公平准入，按市场规则获取经济收益，激发和释放用户侧灵活调节能力。三是搭建电力市场零售平台，使中小型工商业用户能够通过参与市场化交易满足灵活的用电需求，降低用电成本，使供需双方适配更高效。

加快辅助服务市场和容量机制建设。一是加快完善辅助服务交易机制，建立需求响应调峰资源库，明确辅助服务交易原则和具体标准，形成统一的辅助服务规则体系，建立健全跨省跨区辅助服务市场机制，深入挖掘灵活性用电负荷参与提供辅助服务的能力，鼓励需求响应参与电力系统控制，并补偿提供需求响应的用户，使用户自愿参与到辅助服务市场中，自觉改善其用电特性，实现系统优化运行。二是加快容量机制建设，支持符合要求的需求响应主体参与容量市场交易或纳入容量补偿范围，从而获得容量收益。例如储能、充电桩可根据安装容量获得容量电价或补贴。

完善电价形成机制。建立由供需关系影响的市场化实时电价机制、峰谷分时电价机制和动态价格调整机制，通过扩大峰谷价差、实施尖峰电价、拉大现货市场限价区间等手段提高经济激励水平，运用市场价格信号挖掘需求响应资源的自主调节能力，并利用经济手段有效引导工商业用户错峰、避峰用电，转移尖峰用电负荷。

设立多元负荷侧灵活性项目。一是设立直接负荷控制、可中断负荷、需求侧竞价、紧急型需求响应等多元参与机制，负荷侧灵活性资源可根据自身特征自主参与一个或多个项目，提高资源的利用率和匹配度。对于响应时间短的紧急型需求响应，采用两部制的补偿机制，从而体现容量备用的价值。二是创新灵活性资源与新能源发电企业合作机制，风、光、水电等新能源发电企业与负荷侧资源直接签订可再生能源平衡服务合同并实现数据信息实时共享，当可再生能源企业有调整出力需求时，负荷侧资源相应调整用能计划，实现共赢。

5.2.2　碳市场

中国形成了"1＋8"的碳排放权交易市场体系。2011 年批准了八省（市）开展碳交易试点。2013 年起地方碳市场陆续上线交易，2021 年 7 月在地方试点基础上组建并启动全国碳市场交易。

当前，中国初步建立全球覆盖排放量最大的全国碳市场。截至 2023 年底，中国碳市场纳入发电行业重点排放单位 2257 家，覆盖约 51 亿吨二氧化碳排放量。"十四五"期间将逐步纳入其他高耗能行业。配额总量通过"自下而上"的碳排放强度方法核定。配额分配采取基准线法，免费分配至重点排放单位机组。建立了涨跌幅限制、最大持仓量限制、大户报告等风险管理制度。在覆盖范围方面，目前全国碳市场只将电力行业纳入交易范围，部分地区试点碳市场纳入了钢铁、建材、化工、建筑等行业。中国碳市场纳入行业现状见表 5－5。

表 5-5　　　　　　　　中国碳市场纳入行业现状

纳入行业		全国	北京	天津	上海	重庆	湖北	广东	深圳	福建
八大高耗能行业	电力	●	●							●
	钢铁			●	●		●	●	●	●
	建材		●	●	●	●	●	●	●	●
	石化		●	●	●	●	●	●	●	●
	化工			●	●	●	●	●	●	●
	有色			●	●	●	●	●	●	●
	造纸					●	●	●	●	●
	民航		●	●	●				●	
交通			●		●					
建筑					●					
其他工业			●	●	●	●	●		●	●
废弃物处理						●			●	
食品饮料				●		●				
服务业			●		●				●	

注　本表依据 GB/T 4754—2017《国民经济行业分类》分类。

扩大碳市场覆盖范围。原材料用能的碳排放环节复杂、排放链长、排放时间各异，且在加工、使用和废弃过程中均可能产生碳排放。应加快规范原材料用能碳核算，特别关注与能源相关的覆盖面完整性。尽快将石化、化工、建材、钢铁、有色、造纸、航空其他七大高排放行业纳入全国碳市场，压实各行业的减排责任，强化碳减排激励约束机制。

完善碳市场测量－报告－核查（MRV）管理机制。当前，中国的 MRV 政策法规和管理体系有待进一步加强、技术支撑体系有待进一步完善和细化、缺乏足够的资金支持与能力建设，以及平衡对第三方核查机构的行政和市场化管理等多重挑战。尽管目前积累了一定的 MRV 制度建设经验，但总体来看，政策、技术、资金等仍是 MRV 机制建设的重要内容和有效实施的保障。建议对 MRV 制度体系从政策法规层面、管理机制层面、技术标准层面进行顶层设计，制定出台《碳市场 MRV 管理办法》，明确相关方及其权利、义务。从测量（M）、报告（R）、核查（V）、评估（A）四个领域，从规范标准、技术指南、辅助执行等不同层面，完善技术规范体系。各级政府应加大对 MRV 管理机制建设的资金支持和能力建设，持续开展相关业务培训。同时，企业和核查机构应不断加强自身的能力建设工作，提升企业内部的数据质量管理水平和核查能力建设，完善碳市场数据质量管理长效机制。完善 MRV 管理机制框架示意见图 5-2。

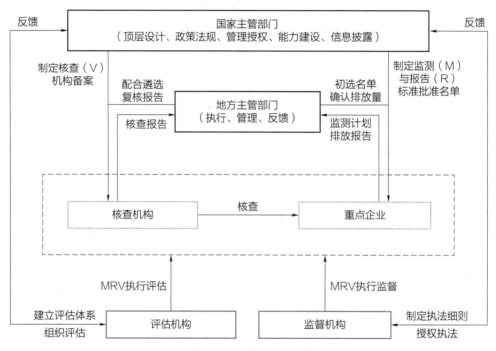

图 5-2　完善 MRV 管理机制框架示意图

构建电 - 碳市场互认联通机制。促进碳市场与绿电交易市场协同，统筹规划电 - 碳市场发展。推进点碳市场认证体系相统一，构建不同类型环境权益产品互认联通机制，建立以电 - 碳关系为基础的核查、计量标准和认证体系等，构建绿电与碳排放量之间的抵扣关系，体现新能源的绿色价值，激发各行业对绿电的消费需求。畅通"电 - 碳"市场价格传导链条，促进碳成本在全社会不同行业的分摊疏导，实现公平分担。

5.3　新业态新模式

推动虚拟电厂规模化发展。虚拟电厂是整合各类需求响应主体，实现需求侧资源集中管理、统筹调度和多级协同的重要载体。建议在国家层面出台专门针对虚拟电厂的指导性文件，明确虚拟电厂准入条件和补贴政策，鼓励和引导新兴主体参与市场交易，为虚拟电厂商业化运营提供政策保障，地方政府应结合城市虚拟电厂资源容量、结构、成本，因地制宜开展多环节市场引导。建立虚拟电厂标准体系，打通各类负荷聚合商间的数据交互壁垒，建立统一、协调的多方协作机制和标准体系。要进一步丰富虚拟电厂激励资金，加快完善激励政策，并针对虚拟电厂与灵活资源的价值传导模型缺失问题，进一步完善商业激励模式、资源价值贡献度、用户决策理性的多种合作博弈定价方法，提高用户资源参与虚拟电厂运营的积极性。虚拟电厂示意见图5-3。

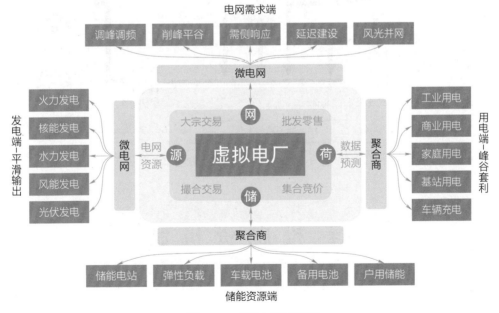

图5-3　虚拟电厂示意图

　　发展综合能源服务。过去负荷侧电力用户的用能需求仅仅是安全生产的需求,而在新型电气化的推动下,电力用户的用电需求更加多样化,绿色、经济、安全的电力需求特征进一步凸显,且电力用户具有地理上分散、行业上分散、需求上分散的特征,需要能源服务商进一步提升专业化水平,开发新型的"负荷侧的电力运营商"业态,并通过负荷侧资产运营,开发"用户中心+价值驱动"的多场景运营模式,充分满足多样化用能需求,并通过搭建区域综合能源数字基础设施平台,更好地聚合用户,更高效地组织参与需求响应。综合能源服务示意见图5-4。

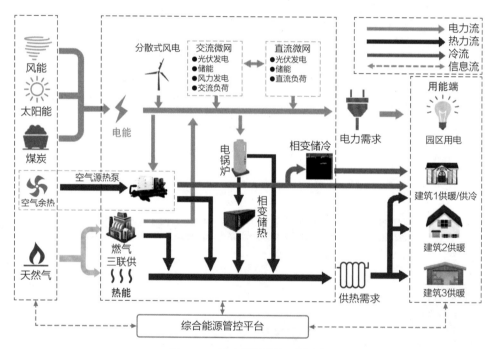

图5-4　综合能源服务示意图

5.4　投　融　资　机　制

　　完善绿色金融机制。目前中国绿色金融以绿色贷款、绿色债券等间接融资产品为主,债转股、股权投资基金等直接融资产品创新较少,难以满足能源企业补充资本金、引进战略投资者、上市并购等日渐多元化的需求，以及绿氢等技术研发企业的长期资金需求。**建议政策方面**，完善绿色金融标准体系，对清洁能源产业链企业进行拓展，将重点领域电气化发展指标列入支持范围，为提供行业高技术含量、低污染排放的供应商企业提供连带绿色认证与金融支持。**市场方面**，面向中小企业以传递信用、控制风险为核心，提供涵盖应收账款质押融资、订单融资、控货融资等模式的全产业链金融解决方案。面向优质资产提供债权、股权、资产证券化等多种金融工具组合，开展绿色信贷、绿色基金、绿色市场化债转股等多样化绿色金融业务，助力企业降低财务成本。

加快发展转型金融。转型金融作为绿色金融的延伸和扩展，专门为碳密集行业的低碳转型提供金融服务，能为更大范围经济结构转型升级提供金融支持。转型金融概念提出时间较短，目前国内外尚未形成统一的界定标准和政策体系。考虑到不同行业低碳转型路径各不相同，其转型的融资需求各异，对于同一行业不同企业而言，由于发展阶段、企业规模、生产能耗水平和碳排放水平等存在差异，其转型融资需求也不完全一致。建议**标准方面**，加快制定转型金融标准体系，针对工业、交通、建筑等领域重点行业的行业特征和重点技术，制定细化的转型金融支持政策，将电气化转型绩效与融资成本挂钩。**产品方面**，金融机构根据不同行业、不同企业多样化的融资需求，创新开发具有针对性差异化的转型金融产品。在绿色贷款、绿色债券、转型债券等金融产品的基础上，逐步创新拓展转型贷款、转型基金、股权类融资、转型信托、转型保险等金融产品。**资金方面**，设立省级绿色转型基金，为碳密集行业的重点企业转型提供融资支持。发展用于支持转型活动的股权投资基金、并购基金，鼓励私募股权、风险投资等投资机构参与转型金融活动。国际和国内转型金融主要政策见图 5-5。

政府和社会资本合作机制。建设全国重点电气化投资项目库，通过投贷联动、重大电气化项目实施保障等机制，促进更多的电气化项目落地实施。将电气化发展与地方政府的乡村振兴战略、城市更新行动等经济社会战略结合，加大各级政府机构对电气化项目投融资支持力度，将符合条件的重大电能替代项目纳入地方政府专项债券支持范围。在电动汽车充电设施、氢能运输等基础设施领域，推动政府和社会资本合作的新机制，通过设立政企合作基金、建立公私合作项目等方式加强中央投资引导，破除产业发展的薄弱环节与制约因素，并鼓励企业参与基础设施项目的建设和运营。

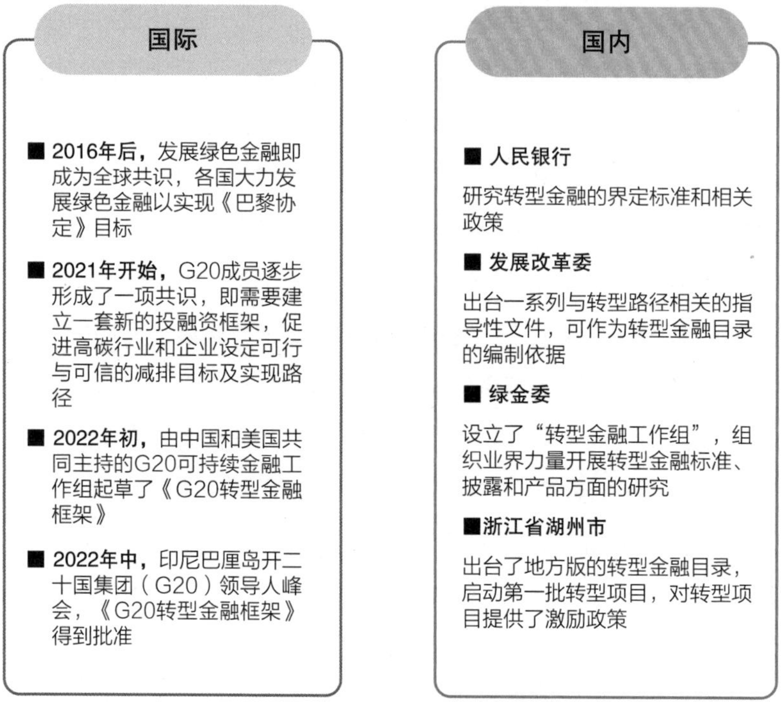

国际

- 2016年后，发展绿色金融即成为全球共识，各国大力发展绿色金融以实现《巴黎协定》目标
- 2021年开始，G20成员逐步形成了一项共识，即需要建立一套新的投融资框架，促进高碳行业和企业设定可行与可信的减排目标及实现路径
- 2022年初，由中国和美国共同主持的G20可持续金融工作组起草了《G20转型金融框架》
- 2022年中，印尼巴厘岛开二十国集团（G20）领导人峰会，《G20转型金融框架》得到批准

国内

- **人民银行**
  研究转型金融的界定标准和相关政策
- **发展改革委**
  出台一系列与转型路径相关的指导性文件，可作为转型金融目录的编制依据
- **绿金委**
  设立了"转型金融工作组"，组织业界力量开展转型金融标准、披露和产品方面的研究
- **浙江省湖州市**
  出台了地方版的转型金融目录，启动第一批转型项目，对转型项目提供了激励政策

图5−5　国际和国内转型金融主要政策

5.5　小　　结

积极的产业政策与完善的市场机制是推动新型电气化的重要保障。要发挥好有效市场和有为政府的作用，处理好市场与政府关系，既要使市场在资源配置中起决定性作用，发挥市场机制、市场主体和资本的力量，又要更好发挥政府作用，以产业政策作为重要工具，加快推动新技术研发应用和竞争力提升。

对于电炊具、电动汽车等成熟技术，重点是提升经济性和强化行业碳减排约束。建议制定地方产业升级与电力系统规划的协同机制，提供财政补贴、电价优惠等激励措施，并通过碳交易、碳税等方式，充分体现新型电气化的绿色价值。对于绿电化工、氢冶金等处于发展期的技术，重点是加强研发支持，推动成果转化，开展试点示范，加快形成可持续发展的产业链。在市场机制方面，加快构建全国统一电力市场体系，完善电价机制，完善全国碳市场体系，发挥碳市场在各终端用能领域的减排约束和激励作用，以市场化方式挖掘需求侧资源参与电力系统灵活调节的潜力。

结　语

　　电气化推动人类文明进步，成为衡量现代社会发展水平的重要标志。以电为中心推动能源生产和消费革命，不断提升我国电气化水平，是实现碳达峰碳中和的必由之路，是培育能源新质生产力的重点领域，是推动经济社会高质量发展的必然要求，是实现中国式现代化的重要支撑。

　　新型电气化是以技术创新为驱动，以体制机制创新为保障，推动在终端用能领域以电能和电制氢、电制燃料原材料等对化石能源进行全面深度替代，提升综合电气化率，推动在全社会形成绿色低碳、高效便捷、智能灵活的用能方式。新型电气化以绿色低碳、深度广域、高效便捷、智能灵活为特征，是能源消费革命的核心和关键，对于加快能源电力绿色低碳转型、满足人民美好生活需要、培育发展现代化新动能具有重要意义。应加快凝聚共识、超前谋划，积极推动电气化技术发展和各领域用能方式转型，提高全社会用电比重。

　　当前，新型电气化关键技术已基本成熟，电动汽车、港口岸电、热泵、电炉炼钢等技术已具备技术可行性和经济竞争力。通过加大研发投入和政策支持，预计到 2030 年，自动驾驶、绿色燃料汽车、绿色燃料船舶等技术将逐步成熟并推广应用。到 2035 年，包括绿电化工、绿色燃料飞机等绝大部分技术都将具备大范围推广应用的条件。

　　预计在 2030 年碳达峰前，中国新增能源需求主要由电能来满足，综合电气化率为 36%。到 2040、2050 年，综合电气化率将提升至 51% 和 65%。到 2060 年，全社会各领域深度电气化，综合电气化率提高至 77%。新型电气化将带来巨大的经济社会环境效益，为实现碳中和目标累计减排贡献超过 1/3，综合电气化率每提升 1 个百分点，能耗降低 1.4%。

　　新型电气化发展将提升负荷侧的灵活调节能力。新型电力负荷将逐步从"被动型"刚性负荷向具有灵活能力的"主动型"可调节负荷转变。预计到 2050 年，电动汽车、电制热（冷）、电制氢、数字基础设施用电将广泛参与新型电力系统的供需"双向"调节，在合理用电政策机制激励下，全社会净负荷全年最大峰谷差可降低约 20%，调节效果可等效替代短时储能约 3.6 亿千瓦。

积极的产业政策与完善的市场机制是推动新型电气化技术和产业发展的重要保障。应结合电气化技术所处的发展阶段，制定有针对性的产业支持政策，加快电力市场和碳市场的建设与协同发展，充分挖掘新型电气化的绿色价值。

新型电气化发展是强优势、利长远、惠民生的战略性系统性工程，需要统筹谋划、协同配合，加大创新、深化合作，分领域、分阶段、分步骤加快推动。立足当前，全社会各领域应结合自身特征，分别从不同角度对应提出专项行动、明确电气化发展目标路径，使经济社会发展建立在高效利用资源、严格保护生态环境、有效控制温室气体排放的基础上，为促进实现"双碳"目标、加快推进能源转型、服务经济社会高质量发展提供有力支撑。展望未来，随着能源消费革命持续深入推进，工业用能高效发展将走实走深，交通用能清洁低碳加速发展，建筑用能清洁低碳全域普及，新产业新业态新模式持续蓬勃发展，绿色低碳消费理念将进一步深入人心，新型电气化发展前景广阔、大有可为。

全球能源互联网发展合作组织愿同社会各界深入合作、携手努力，不断推动新型电气化理论、技术、工程和机制创新，实现新型电气化高质量发展，促进新型电力系统和新型能源体系建设，为实现中国式现代化作出积极贡献。